人造板废弃物高品位
能源化利用研究

冯宜鹏　吴婷婷　苏同超　著

中国农业出版社

北　京

前　　言

随着化石燃料的减少及其利用过程中带来的日益严重的环境污染，可再生能源的利用受到重视。在家具制造行业，人造板正逐渐代替原生木材被广泛地使用，因此人造板报废产生的人造板废弃物的总量也迅速增长。将生物质气化技术应用于人造板废弃物的转化利用，既能无害化处理人造板废弃物，又能产出合成气，用于催化合成制备液体燃料或化学品，具有良好的应用前景。

在生物质气化工艺中，气流床气化以产气焦油含量低、处理效率高等特点受到关注。本书设计搭建了一套生物质气流床加压气化实验装置，最高可控温度为 1 300℃，可控进料速率为 0.5～3kg/h。

本书首先研究了气化温度、当量比对人造板废弃物气流床气化特性的影响，并与松木粉气化进行对比，结果表明，随着气化温度的提高，人造板废弃物产气中 CO 与 H_2 浓度增大，CH_4 浓度降低，碳转化率、产气率和热值均有所上升，焦油含量降低；随着当量比的增大，CO 与 H_2 浓度、产气热值降低，碳转化率和产气率有所增大；人造板废弃物气化产气组分中 CH_4 浓度、产气热值和产气中焦油含量高于松木粉气化的，而碳转化率则低于松木粉气化。

以常规生物质气化为对比，研究了人造板废弃物气流床气化过程中燃料氮的迁移转化规律，并考察了不同实验条件对气化燃料氮迁移转化的影响。结果表明，人造板废弃物气化燃料氮转化与常规生物质气化的有所区别，燃料氮大部分转化为气体产物，其中 N_2 是最主要的气态含氮产物。产气中 NH_3 与 HCN 浓度高于常规生物质气化的，如果提高温度、当量比与氧浓度，N_2 占总氮比例明显上升，NH_3 浓度有所下降。

采用烘焙手段对人造板废弃物进行预处理，分析了在不同温度、停留时间下，烘焙预处理三相产物中含氮化合物的成分及含量，研究了原料的烘焙特性与烘焙过程中氮的迁移转化机理。然后，将烘焙后的固体产物进行气流床气化，考察烘焙对人造板废弃物气流床气化特性与含氮污染物分布的影响，结果表明，烘焙固体产率为 $64.0\% \sim 92.8\%$，能量产率为 $76.6\% \sim 93.5\%$。提高烘焙温度与延长停留时间降低了固体产物产率和能量产率。烘焙后固体产物 O/C 值有所降低，热值提高。氮元素主要存在于烘焙固体产物中，占总氮的 $47.0\% \sim 68.2\%$，其主要结构为氨基类与吡啶类化合物。液体产物中含氮化合物主要为含氮杂环化合物、氨基化合物以及含氮杂环氨基混合型化合物。燃料氮在烘焙气体产物中以 N_2 与 NH_3 的形式存在；烘焙预处理提高了产气 H_2/CO 比值、产气率与产气热值，降低了碳转化率。烘焙后气流床气化产物含氮污染物浓度与直接气化的有所区别，其中 NH_3 与 HCN 的浓度均明显低于未烘焙气化的，NH_3 浓度由未烘焙时的 $708mg/m^3$ 降低至 $348mg/m^3$，HCN 浓度降低了 27%。在较高的烘焙温度和较长的烘焙停留时间条件下，NH_3 与 HCN 的浓度有所增大，但仍低于未烘焙原料气化时的 NH_3 与 HCN 浓度。

进行人造板废弃物气流床气化、熔融盐调质净化实验，考察了熔融盐温度、静液面高度对人造板废弃物气流床气化产气的调质，以及含 N、S、Cl 污染物脱除特性，结果表明，熔融盐对人造板废弃物气流床气化产出合成气的调质、净化效果较好。提高温度降低了 CO 和 CO_2 浓度，提高了 H_2 浓度，在 $380 \sim 580℃$ 时产出气体 H_2/CO 比值范围为 $0.8 \sim 7.3$。提高静液高度，降低了气体中 CO 与 CO_2 浓度，提高了 H_2 的浓度。产气中含 S、Cl、N 污染物脱除效果较好，当熔融盐温度达到 $430℃$ 以上时，其出口气体中已不含 S、Cl 污染物，含 N 污染物中 HCN、NO 与 NO_2 已经完全脱除，NH_3 脱除率达到 96%。

进行了人造板废弃物与烘焙固体产物的气流床加压气化实验，考察了压力对其气流床气化特性及污染物生成分布的影响。然后，在加压热重上，进行了不同压力条件下的松木粉加压热解和气化实验，分析不同反应压力对松木粉加压热解和气化动力学特性的影响。结果表明，随着压力的增大，两种原料气流床气化产气中 CO_2 浓度降低，H_2 与 CO 浓度有所提高，碳转化率、产气率与热值均有所提高；压力的增大降低了人造板废弃物与烘焙固体产物气化产气中 HCN 与 NH_3 的浓度；加压热重实验中，反应压力的增大抑制了挥发分的析出，促进了半焦气化反应的进行。

最后，采用 Fluent 软件根据原料特性选取双组份非预混模型，同时考虑生物质颗粒与连续相之间的组分、动量、能量输运，对人造板废弃物颗粒在气流床中的气化过程进行了数值模拟。计算得出了气化温度、当量比和气化压力的变化对人造板废弃物气流床气化的温度场、流场与颗粒运动轨迹的影响，与前文实验数据对比，结果表明模型基本可靠。

综上所示，本书将为人造板废弃物的无害化、能源化利用提供基础研究，有利于解决污染物处理和能源补充问题。本书第一章至第四章（约 6 万字）由冯宜鹏撰写，第四章至第六章（约 6 万字）由吴婷婷撰写，其余内容由苏同超撰写。

著　者

2021 年 5 月

目　　录

第一章 绪 论

第一节 生物质能利用

当今世界能源消费以化石能源为主，自 1970 年迄今，石油约占 40%，煤与天然气各占 20% 左右（国家自然科学基金委员会，2010；国电能源研究院，2012）。并且，随着全球工业与科技的进一步发展，对化石能源的消耗与依赖会日益增大。与此同时，化石能源的开采与使用过程中会产生大量污染物，造成严重的全球化环境污染。其燃烧过程中会产生 NO_x、SO_x 等污染物，这些污染物会在大气中继续反应，最终产生酸雨、光化学污染等严重后果（朱成章，2013）；此外，化石能源的燃烧会产生 CO_2，在全球工业化以来排放了大约 1.16 万亿 t 的 CO_2，致使全球大气 CO_2 浓度由 280 mL/m^3 升高到 379 mL/m^3，这会导致全球气温持续的升高（CDIAC，2015），全球气候变暖问题日益严峻。因此，开发清洁、绿色、高效的可再生能源利用技术已成为当前人类社会必须解决的最重要问题之一。

生物质能是可再生能源的重要组成部分，生物质能的研究与利用是可再生能源开发领域的热点。相对于化石能源，生物质能具有可再生、分布广泛、低碳排放等优点，可以提供清洁的能源，减缓酸雨污染、减排温室气体。此外，生物质能是所有可再生能源中唯一的能够提供气、液、固三种形态的能源。据估算，全球每年光合作用产生的生物质有 1 400 亿～1 800 亿 t，其热量约为 3×10^{18} kJ，是全球年能量消耗的 10 倍以上（吴创之等，2003）。

我国是以农业生产为基础的国家，拥有大量的生物质资源，主要包括：农业废弃物（各类秸秆）、林业废弃物（木材残渣、树叶、树皮等）、工业废弃物（制糖、制油工业残渣、家具生产废料等）。据统计，2009 年我国每年的生物质能量热当量相当于 6.7 亿 t 标准煤，其中可以利用的就相当于 3.15 亿 t 标准煤（吴创之等，2009）。我国的《可再生能源法》于 2006 年已开始正式实施，并且于 2014 年出台了《国家应对气候变化规划（2014—2020）》这一国家专项规划，目标在 2020 年碳排放强度比 2005 年下降 40%～45%，若能合理利用生物质能，就能对此目标的实现起到积极的推动作用。此外，合理利用生物质能还能够有效地减少二氧化硫、氮氧化物的排放量。因此，大力、积极开发生物质能利用技术对保障我国能源安全、环境安全、碳减排推动有着重大的作用。

通过一定的技术、工艺，生物质可以被转化为方便、可利用的燃料/能源产品。根据原料的不同理化性质及技术的手段，生物质能转化利用技术主要分为三大类（李海滨等，2012），即生化转化技术、物理转化技术和热化学转化技术，如图 1-1 所示。

生化转化技术是通过各种类型的微生物或微藻采用发酵等方式制取气体、液体燃料、化学品等产物。生化转化技术有多种技术路线：预处理—水解—发酵路线可以制取气体、液体燃料，预处理—提炼路线可制取生物柴油等。

物理转化技术，是指将生物质经过一定的物理加工手段制备成为可用的燃料，常用的有生物质压块、制粒等技术。

热化学转化技术是指在一定温度条件下，使生物质发生反应产生多种能量产物的技术。它有多种不同的转化途径：直接燃烧发电、热解液化获取生物油或化学品、热解制备生物质活性炭、生物质气化制备合成气等技术。

其中，生物质气化技术是指一定的温度条件下，在不同气化剂的作用下（空气、氧气、水蒸气等），使生物质中纤维素、半纤维和木质素发生裂解并与气化剂发生反应，产生小分子质量的 CO、H_2 和 CH_4 等可燃性气体，它是一种高效、应用前景广泛的生物质能转化技术。本书主要涉及生物质气化技术。

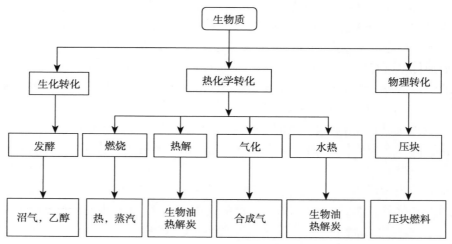

图 1-1　生物质能转化技术

第二节 生物质气化技术

一、生物质气化基本原理

生物质气化过程一般要经历以下几个阶段（朱锡峰等，2006）：

（1）水分析出阶段。生物质进入反应器内部后，内部水分会随着温度的提高而迅速的析出。

（2）挥发分析出阶段。当温度超过一定的值后，生物质内部结构开始受热分解，内部纤维素、半纤维素等的长链结构断裂，挥发分从原料中析出。根据气化条件的不同，该阶段所得的产物不完全相同，主要产物为：碳、水蒸气、氢气、二氧化碳、一氧化碳、甲烷、焦油和烃类物质。

（3）氧化反应阶段。随着温度的继续提高，可燃性气体与热解焦发生不完全燃烧，生成一氧化碳、二氧化碳与水蒸气，大量的热量被释放，炉内温度迅速上升。

（4）还原反应阶段。该阶段氧气已经基本消耗完全，二氧化碳、水蒸气与残炭发生还原反应，生成一氧化碳和氢气等。该阶段以吸热反应为主。

二、生物质气化装置分类与特点

生物质气化装置按照结构的不同可以分为：固定床、流化床和气流床等（王建楠等，2010；郑昀等，2010；董玉平等，2007）。不同气化装置见表1-1所示。

表1-1 生物质气化装置

气化装置		装置原理与特点
固定床	上吸式	顶部进料，下部进气化剂，生物质与气化剂运动方向相反，可燃气自下而上的流动，产出气体灰分少，可以适用于水分相对较高的原料
	下吸式	顶部进料，上部进气化剂，生物质进入后依次进入干燥层、热解层、氧化层与还原层，可燃气从炉体下部抽出，由于下部高温的存在，焦油产量相对较低
流化床	鼓泡流化床	气化剂从底部吹动流化床料使其实现"流态化"，可燃气直接通入后续装置，气化半焦通过旋风分离
	循环流化床	相对于鼓泡流化床流速较高，产出的可燃气携带大量固体，经旋风分离后将固体返回流化床，因此其碳转化率相对较高

（续）

气化装置		装置原理与特点
流化床	双循环流化床	由两个流化床反应器构成，二级反应器能够加热一级反应器的流化介质，以保证气化的温度，效率更高
气流床		使用氧气、水蒸气等气化剂携带生物质颗粒，通过不同的方式进入反应器，使燃料颗粒均匀分布于气流中，并离散流动，形成近似于气体流场的状态。气流床气化温度高，停留时间短，单位容积的生产能力是所有炉型中最高，适用于大规模应用

其中，生物质气流床气化是一种适用原料范围广泛、气化效率高、单位容积生产能力高的气化技术，并且能够解决其他气化技术较难解决的焦油问题，因此具有良好的研究价值与应用前景。

第三节　生物质气流床气化技术

一、生物质气流床气化特点

相对于其他气化反应器，生物质气流床气化具有以下特点：

（1）生物质种类适应性强，但前处理复杂。不同的生物质种类对气流床气化影响不显著，但必须是颗粒状（液滴）进料。各个生物质原料颗粒（液滴）进入气化炉内部后被流场分割，可近似的理解为离散相状态，颗粒单独完成热解、气化反应，不会因为原料的不同特性而导致大块的黏结，出现类似于流化床中的"结渣"现象与固定床中"空腔"现象。

（2）生物质气流床气化的气化速度快，停留时间短。

（3）气流床气化温度较高。工业化生物质气流床气化炉根据不同的原料气化温度在 1 200～1 500℃之间，气化产气中几乎不含焦油。

（4）产出的气体以 CO、H_2、CO_2、CH_4 为主，其中 CH_4 含量极低；此外，C_2 以上烃类产量极少，几乎可以忽略。

（5）气流床气化多采用加压的方式，以提高气化容积效率。

二、生物质气流床气化原理

生物质在气流床气化过程中的反应过程可以分为以下几个阶段（赵辉，2007）：

（1）生物质的快速干燥与热解。由于气流床气化炉的炉温较高且生物质粒径小，所以进入炉膛内部后，会在较短的时间内发生水分析出与挥发分析出反应，生成热解焦颗粒与热解气（主要包括 CO、CO_2、H_2、CH_4 及 C_nH_m）。

（2）热解气与半焦分别与气化剂发生反应。产出气体的可燃组分以及热解焦会与气化剂发生反应，并产生大量的热量，以维持炉内温度，并为下一步反应提供热源。主要反应如下式所示。

$$C_nH_m + O_2 \leftrightarrow CO_2 + H_2O, \Delta H < 0 \qquad (1.1)$$

$$C_nH_m + O_2 \leftrightarrow CO + H_2O, \Delta H < 0 \qquad (1.2)$$

$$CO + O_2 \leftrightarrow CO_2, \Delta H < 0 \qquad (1.3)$$

$$H_2 + O_2 \leftrightarrow H_2O, \Delta H < 0 \qquad (1.4)$$

$$CH_4 + O_2 \leftrightarrow CO_2 + H_2O, \Delta H < 0 \qquad (1.5)$$

$$C + O_2 \leftrightarrow CO_2, \Delta H < 0 \qquad (1.6)$$

$$C + O_2 \leftrightarrow CO, \Delta H < 0 \qquad (1.7)$$

$$C + H_2O \leftrightarrow CO + H_2, \Delta H > 0 \qquad (1.8)$$

$$C + H_2O \leftrightarrow CO_2 + H_2, \Delta H > 0 \qquad (1.9)$$

（3）残余热解焦颗粒与生成气体之间的反应。热解焦颗粒不但会和气化剂发生反应，还会与上一步反应生成的气体发生反应。

$$C + H_2O \leftrightarrow CO + H_2, \Delta H > 0 \qquad (1.10)$$

$$C + CO_2 \leftrightarrow CO, \Delta H < 0 \qquad (1.11)$$

$$C + H_2 \leftrightarrow CH_4, \Delta H < 0 \qquad (1.12)$$

（4）反应生成的各种气体互相之间反应。在温度较高的情况下，以上产出气体具有很高的活性，各自在生成的同时互相之间也发生着多种反应。

$$CO + H_2O \leftrightarrow CO_2 + H_2, \Delta H > 0 \qquad (1.13)$$

$$CO + H_2 \leftrightarrow CH_4 + H_2O, \Delta H > 0 \qquad (1.14)$$

$$CO_2 + H_2 \leftrightarrow CH_4 + H_2O, \Delta H > 0 \qquad (1.15)$$

$$CO + H_2 \leftrightarrow CH_4 + CO_2, \Delta H > 0 \qquad (1.16)$$

以上仅为生物质气流床气化过程中发生的主要反应，实际气化过程中还有气化产生的烃类、焦油等物质参与的反应，反应体系较为复杂。

三、生物质气流床气化研究进展

1. 应用基础研究现状

生物质气流床气化技术的基础研究主要包括：气化特性、污染物生成特性、原料的烘焙预处理、灰渣特性和计算模拟等。

（1）气化特性　气化特性研究主要考察的实验条件有：当量比、反应温度、水蒸气加入量和生物质粒径等。

Weiland 等（2013）研究了不同当量比下木粉的气流床气化特性。结果表明，更高的当量比可以导致更高的气化温度。合成气组分为：$25\sim28$ mol%的 H_2、$47\sim49$ mol%的 CO、$20\sim24$ mol%的 CO_2 和 $1\sim2$ mol%的 CH_4。干合成气中 N_2 比例为 $18\sim25$ mol%。产气的 H_2/CO 值为 $0.54\sim0.57$，冷煤气效率达到 70%以上。Öhrma 等（2013）研究了工业木质素残渣的气化特性，压力为 1×10^5 Pa（1bar），当量比为 $0.45\sim0.5$。结果表明，H_2、CO、CO_2 为主要产气组分，H_2/CO 值为 $0.54\sim0.63$，CH_4 浓度低于 1.7%，C_2 烃类浓度低于 $1\,810\times10^{-6}$，苯浓度低于 680×10^{-6}。

Qin 等（2012）在实验级生物质气流床上考察了反应温度对木粉与秸秆的气化特性的影响。结果表明，当反应温度从 $1\,000℃$ 提升至 $1\,350℃$ 时，合成气产量提高了 72%；在 $1\,200℃$ 以上时，气体产物中 H_2/CO 摩尔比接近于 1；$1\,350℃$ 时，气化半焦颗粒较小，大部分被气体产物携带排除；相反地，$1\,000℃$ 时，气化半焦颗粒较大，大部分存留于旋风分离器中；在 $1\,350℃$，H_2O/C 为 1，当量比 $\lambda=0.35$ 的条件下可以得到最高的合成气产量。赵辉（2007）进行了 4 种生物质的气流床气化实验，研究不同温度对气化特性的影响，结果表明，反应温度对于气化有明显的影响，当温度从 $1\,000℃$ 提高至 $1\,400℃$ 时，4 种原料产气中 H_2 与 CO 浓度均有所增大，碳转化率与 H_2/CO 的值也随之增大。

Hernández 等（2012）研究了水蒸气的添加对生物质气流床气化特性的影响。结果显示，随着水蒸气配比（即 Steam/Biomass，S/B）值的增大，H_2 浓度从 2.1%提高至 29.9%，CH_4 浓度从 0.8%增大至 9.9%，CO_2 浓度变化不大，产气热值与产气率均有明显的提高。赵辉研究了水蒸气配比（S/B）值对气流床气化产气组分浓度与 H_2/CO 的影响。结果表明，当 S/B 值从 0 增大至 0.8 时，CO 浓度有所下降，CH_4 浓度变化不明显，H_2 与 CO_2 浓度逐渐增大。H_2/CO 值有明显的增大，在 S/B 值为 0.8 时，H_2/CO 达到 1 以上，但过高的 S/B 值会导致碳转化率的降低。

Hernández 等（2010）进行了不同粒径的生物质的气流床气化实验。实验结果表明，气体产物中 CO、H_2 和 CH_4 浓度随着粒径的减小而增大，碳转化率也随之上升，在粒径为 8mm 时，碳转化率仅为 57.5%；在粒径为 0.5mm 时，碳转化率达到 91.4%。

（2）污染物生成特性　生物质类原料中含有氮、硫、氯元素（赵辉等，2008），导致生物质气流床气化气体产物中含有一定浓度的含氮污染物（NH_3、HCN、NO_x）、含硫污染物（SO_2、H_2S）和含氯污染物（HCl），而后续的催化合成装置要求合成气中污染物浓度较低（费托合成工艺要求合成气中 HCl 浓度小于 10×10^{-12}，含硫气体低于 0.1 mL/m³），因此有必要进行生物质气流床气化污染物的生成特性研究。

陈青（2012）在小型生物质气流床装置上，进行了秸秆类生物质热解/气化过程中氮析出规律的研究。结果表明，热解过程中，残炭中氮占总氮的39%～54%，随温度的增高，热解气中含氮比例逐渐提高。气化过程中，高温减少了气态氮污染物的生成，相对于900℃气化，1 200℃温度下氮污染物减少了50%，且 NH_3 为最主要的含氮污染物（图1-2）。

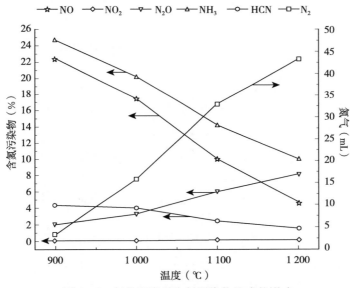

图1-2　气化温度对含氮污染物生成的影响

Öhrma 等（2013）在1 200℃、$1×10^5Pa$（1bar）条件下进行了工业木质素残渣的气流床气化试验，分析产气中的含硫污染物。结果表明，产气中含有一定浓度的含硫污染物，其中 H_2S 为340～352 mL/m^3、COS 为130 mL/m^3。

（3）原料的烘焙预处理　由于大部分生物质均为纤维结构且具有一定的柔韧性，导致生物质气流床气化进料较为困难且研磨能耗较高。烘焙预处理是指将生物质在惰性气氛和适当的温度（220～300℃）下停留一定的时间。烘焙预处理能够使生物质内部结构发生改变，有利于生物质原料的粉碎，因此有必要研究烘焙预处理对生物质研磨特性、气流床气化系统效率以及产气组分的影响。

Bergman 等（2005）研究了烘焙预处理对生物质物料内部结构的影响。结果表明，在250℃下，将生物质物料烘焙 8min，将会减少 85%的研磨能耗（图1-3），使研磨能力提高6.5倍。Weiland 等（2014）研究了烘焙对生物质研磨能耗与气化效率的影响，结果表明，烘焙预处理能够减少了研磨能耗，增加了气化系统的效率。赵辉（2007）进行了4种生物质的烘焙预处理，考察了烘焙预处理条件对整体系统效率的影响，结果表明，在相同耗电的情况下，烘焙能够减小原料粒径并改善粒径分布，烘焙后颗粒从条状改变为球状或短圆柱状，颗粒间黏附性减弱。过高的烘焙温度使气化系统效率有所降低。

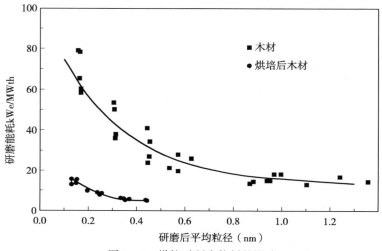

图1-3 烘焙对研磨能耗的影响

赵辉（2007）考察了烘焙预处理温度对气化特性的影响。结果表明，随着烘焙温度的提高，烘焙固体产物热值增大，能量产率降低。气化产气中 CO_2 浓度下降，H_2 含量升高。碳转化率逐渐下降，冷煤气效率有所降低。陈青等（2010）将不同烘焙温度、停留时间下的固体产物进行气流床气化，考察烘焙条件对产气组分的影响，其结果如图1-4中显示，提高烘焙温度和延长停留时间均使 H_2 和 CO 浓度升高，CO_2 浓度降低。

（4）灰渣特性　不同种类的生物质中均有一定量的灰分，灰分气流床的气化过程有一定的影响，且生物质灰渣的灰熔点一般较高。因此，若要采用液态排渣的方式，在气流床气化运行温度下，灰分不能或很难熔融，液态排渣就较为困难。

Vanderdrif 等（2004）研究了在生物质气流床气化过程中的灰渣熔融特性，针对生物质在气流床气化过程中不易完全熔融的问题，提出了添加助熔剂的方法使灰渣熔融特性得到改善。

Beatrice 等（2007）研究了生物质气流床气化的灰渣特性。结果表明，高熔点化合物（如 CaO 等）的存在与较少的硅酸盐含量是导致生物质灰渣难于熔融的原因，加入硅酸盐与黏土成分能够降低灰渣的熔融温度。

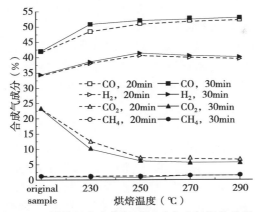

图 1-4　烘焙温度和停留时间对合成气组分的影响

赵辉（2007）研究了不同助熔剂对灰渣熔融的影响（图 1-5）。结果表明，未添加助熔剂的气化残渣颗粒呈块状，颗粒较大，加入 SiO_2 助熔剂后残渣为碎块状，粒径明显减小，添加 Fe_2O_3 助熔剂后气化残渣为碎渣状，而添加 SiO_2 - Fe_2O_3 助熔剂的气化残渣呈现球状形态。

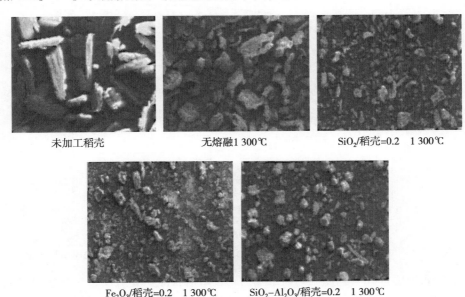

图 1-5　助熔剂对气化灰渣熔融效果的影响

（5）计算模拟　对于气流床气化的计算模拟主要包括：计算流体力学模拟

与过程模拟。气流床气化过程中存在复杂的物理和化学现象，包括气固两相的流动、传热传质和化学反应。由于测量技术的局限，气流床气化炉的内部流动状况仍然很难全部从实验中获取（Wang et al.，2008），采用 CFD 模拟软件（Fluent 等）能够预测一些实验难以测量的数据，并对反应器设计提供指导。此外，气流床气化系统整体建造成本较高，而采用过程模拟软件（ASPEN PLUS）进行模拟计算，可以模拟气流床气化系统整体过程，据此优化系统设置，提高系统效率。

乌晓江等（2007）研究了在表压力 50kPa、温度 1 200℃条件下不同 O/C 摩尔比对气流床气化特性的影响，建立了气化过程的数学模型。研究结果表明，O/C 摩尔比处于 1.2～1.9 之间，随着 O/C 摩尔比的增大，H_2 与 CO 的比例均为先增大，后减少，分别于摩尔比为 1.4 与 1.6 时达到峰值，可燃气部分（包括 H_2、CO 和 CH_4）占总体积的 50% 左右；燃烧反应区温度达到 1 327℃时，碳转化率超过 90%，冷煤气效率为 50%；数学模型有效，能够较为准确地预测参数对气流床气化特性的影响（图 1-6）。

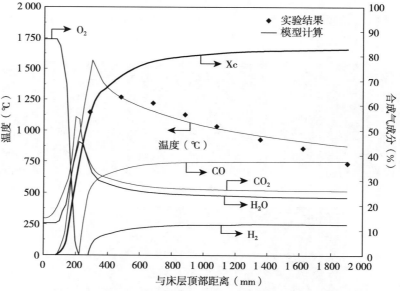

图 1-6　在 1 200℃下沿气化炉长度方向的温度、碳转化率与产气浓度的模拟计算结果

张巍巍等（2007）使用 ASPEN PLUS 模拟软件，并对比了生物质经热解预处理后进入气流床气化与直接进行气流床气化的过程。研究结果表明，通过对比不同气化原料的温度、O/C 摩尔比、碳转化率、冷煤气效率等参数，计算得出最佳的热解预处理温度为：300～400℃；最佳 O/C 摩尔比在 0.9～1.1

之间。

2. 工业化应用

对于生物质气流床气化的工业化应用主要以企业为主导（NNFCC，2009），主要有德国 CHOREN、美国 Range Fuels、美国 Pearson Technology 等公司（表1-2），这些公司改进气流床装置的工艺流程，使之能够适应生物质原料的特性。

表1-2 生物质气流床气化技术工业化应用现状

企业名称	气化技术	原料	热效率（%）	工程建设现状	产物
德国 CHOREN	CARBO-V 气化系统。首先使用低温气化装置产出气、固产物，再进入高温气流床	能源作物木材	80	2003 年，1mW 的中试级别装置建设完成，后续采用费托合成。2013 年，3 040t/d 级气化装置开始建设	合成柴油
美国 Range Fuels	K2 气化系统。低温气化后高温水蒸气重整气化	林业废弃物	75	125t/d 级生物质气流床气化合成乙醇装置已于 2007 年建成，2010 年投产。后续 625t/d 气化设备在设计规划中	乙醇等醇类
日本三菱重工	BGMS，生物质气化制甲醇系统，液态排渣，常压，气化剂为氧气、水蒸气	林业废弃物	60～65	2t/d 级气化装置已建设完成，2002 年开始运行。后续 100t/d 级装置已经开始建设	甲醇二甲醚
美国 Pearson Technology	气流床高温水蒸气重整制乙醇系统	秸秆稻壳城市垃圾	70.5	26t/d 设备已建设完成并正常运行。43t/d 级设备于 2006 年开始建设。1 400t/d 设备正在设计规划中	乙醇
德国 Karlsruhe Institute of Technology	Bioliq 气化系统。首先使用 Lurgi 炉热解产出生物油，然后喷入加压高温气流床，富氧气化	木材稻壳秸秆		12t/d 级气流床装置已在弗莱堡建设完成，300t/d 级装置建设中。12t/d Bioliq 气化装置于 2011 年完工，产出甲醇	甲醇

德国 CHOREN 公司在国外生物质气流床反应器的研究与设计方面处于前沿地位，是生物质气流床工业化研究的代表。该公司设计并制造的 CARBO-V 系统是现今世界上较为先进的生物质气流床装置之一。如图 1-7 所示，设备有两个反应炉，采用二级加热，整个气化流程分为四部分：①生物质颗粒进入一级加热反应炉进行氧化反应，分解为生物燃气（主要包括挥发分）与生物质半焦。②生物燃气进入二级高温气化炉，进一步发生氧化反应转换为以 CO、

CO_2、H_2 和水蒸气为主的气体。③从燃烧室来的高温气体与生物质半焦发生反应。④产生的气体经过除尘、降温、洗涤后排出。该设备无焦油产生，原料转换率接近 100%，冷煤气效率达到 80%。

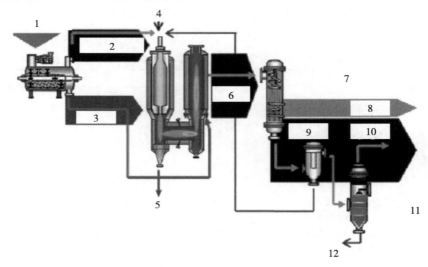

图 1-7 德国 CHOREN 公司的 CARBO-V 气化系统

1. 生物质 2. 热解气 3. 热解半焦 4. 氧气 5. 灰渣 6. 未加工气体
7. 热交换器 8. 蒸汽 9. 除灰器 10. 合成气 11. 除水器 12. 废水

美国 Range Fuels 公司开发的 K2 气化系统主要由两个单独的反应器组成：低温气化反应器和重整气化反应器。生物质原料进入低温反应器后被加热至约 230℃，在此温度下一部分氧被消耗，生物质原料结构被破碎。然后，原料随气流进入高温重整反应器，与水蒸气发生重整反应，产出 H_2/CO 值较为合适的合成气，随后进入 FT 催化合成反应器生成醇类。

日本三菱重工制造的生物质气流床气化系统流程如图 1-8 所示。该系统产出合成气后续合成甲醇。该系统主要包括粉碎机、气化炉、气体净化装置与合成装置，采用液态排渣方式，使用吸收塔脱硫。其能量转化率为 75%，甲醇合成效率为 40%。

图 1-9 为德国卡尔斯鲁厄理工学院（Karlsruhe Institute of Technology）开发的 Bioliq 气化装置。气化过程主要分为三个阶段：第一阶段为闪速热解阶段，反应温度为 500℃，产出热解油与热解焦；第二阶段，将混合后的油焦浆与气化剂一起通入高温加压气流床气化装置产出合成气，气流床采用液态排渣方式，粗合成气与灰渣在装置底部排除；第三阶段为合成气净化阶段，采用低温甲醇清洗的方式。

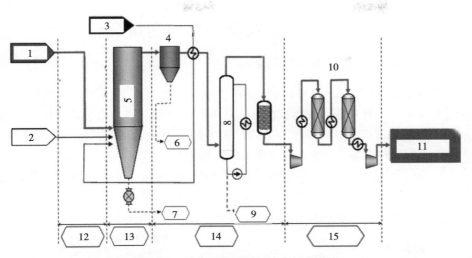

图1-8 日本三菱重工气流床气化系统

1. 生物质 2. 氧气 3. 蒸汽 4. 除灰器 5. 气化炉 6. 半焦 7. 灰渣 8. 除水器 9. 废水
10. 净化装置 11. 净合成气 12. 进料过程 13. 气化 14. 气化 15. 基础净化 16. 深度净化

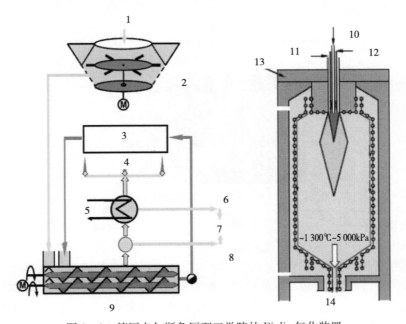

图1-9 德国卡尔斯鲁厄理工学院的 Bioliq 气化装置

1. 原料 2. 料仓 3. 热循环 4. 热解气 5. 冷却 6. 热解油 7. 油焦浆 8. 热解焦
9. 双螺旋混合器 10. 火焰 11. 油焦浆 12. 氧气 13. 耐压容器 14. 合成气与灰渣

第四节　人造板废弃物的利用现状

一、人造板废弃物的来源

随着全球经济的发展，家具与室内装潢建材的需求日益增加，而与此相反，全球可用森林资源正逐渐减少，人造板被大量的制造与广泛的使用。人造板主要以林业副产物、废弃原木家具等为原料，相对于原木家具与原木建材，人造板具有价格低廉、强度高、膨胀收缩率低等优点（钱小瑜，2011）。人造板主要分为胶合板、刨花板和纤维板三大类产品。据统计，在 2010 年全世界人造板产量已经达到 3 亿 m³，其中我国人造板产量约为 1.8 亿 m³（图 1-11），占世界总量一半以上，我国已经成为人造板产量最高的国家。

图 1-10　人造板的利用

人造板在制造、切割、成材过程中会产生大量的废料，人造板的使用寿命为 5～10 年，一般达到使用期限后即被废弃。因此，我国每年废弃的人造板总量也逐年增加。据 2007 年的统计，每年约 10% 以上的人造板被废弃（贺小翠等，2008）。由于人造板在制造过程中加入了大量的高含氮黏合剂，导致其含氮量较高为 3%～6%。人造板废弃物若直接丢弃于环境中，会在自然条件下缓慢分解生成甲醛、尿素等化合物，会对土壤、水源造成严重的环境污染，甚至会对人体造成危害。目前，人造板废弃物的主要处理方式为直接燃烧，但是由于其高含氮的特性，产生燃烧尾气中含有高浓度的 NO_x，将会对环境产生不利影响。因此，有必要进行人造板废弃物的低污染、高效利用方面的研究。

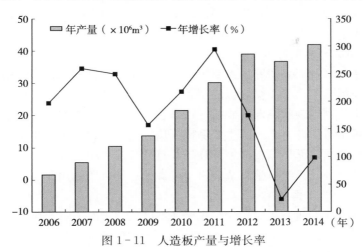

图 1-11　人造板产量与增长率

图 1-12　人造板废弃物

二、人造板废弃物的回收利用研究

人造板废弃物的回收与利用主要包括：物料循环再生利用与热化学转化再

利用。物料循环再生利用就是利用不同的技术将人造板废弃物重新制造成为不同种类的人造板。热化学转化再利用，即以人造板废弃物为原料转化为能量或者相关化学品。

1. 物料循环再生利用

黄在华等（2005）研究了人造板废弃物制备再生刨花，以及利用再生刨花与普通刨花混合生产再生刨花板的制备工艺。张久荣等（2005）综述了人造板在欧洲的再生利用现状，双螺旋挤压技术、新型闭环系统技术等技术被应用于废弃人造板进行循环再生。此主要循环利用方法的问题在于再生制造出的人造板性能相对较差，循环制造成本较高，并且循环过程中洗胶产生的高含氮污水较难处理。此外，该类再生人造板再次废弃后更加难于利用。

2. 热化学转化再利用

关于此方面的研究相对较少，主要在不同装置上对人造板废弃物进行热解实验，以研究热解产物的不同特性以及产物的利用效果（陈世华等，2012；母军等，2011；陈世华，2013）。

Girods 等（2008）在热重-红外联用仪器上，进行了人造板废弃物的热解实验。结果表明，原料在热解过程中会产出大量的 NH_3，能量回收率随温度升高而降低，热解过程会脱除 $46\%\sim58\%$ 的氮元素；热解产出的固体颗粒经水蒸气活化后比表面积达到 $800\sim1\,300m^2/g$，苯酚吸收能力为 $0.5g/g$。

母军等（2011）在炭化炉上进行了人造板废弃物的热解实验。实验表明，热解液 pH 呈中性，且含氮成分较多。陈世华（2012）对不同条件下所得人造板废弃物热解液进行了抑菌实验，使用抑菌圈法观察热解液的抑菌效果，结果表明，人造板废弃物热解液冷凝中含氮化合物较多，对金黄色葡萄球菌和大肠杆菌有明显的抑菌效果。

黄志义等（2013）在炭化炉上进行了人造板废弃物的炭化和炭化固体产物的 KOH 活化制活性炭实验，研究了胶黏剂对炭化固体、挥发性气体产物的影响和活化条件对活性炭性能的影响。结果表明，胶黏剂含量的增加对炭化固体产物影响较小，但会使热解液 pH 升高；优化制备条件后所得活性炭灰分含量为 4.27%、比表面积为 $2\,459.7m^2/g$、总孔容为 $1.646cm^3/g$，符合国家木质活性炭一级标准。

人造板废弃物的热解利用过程中会产生高浓度的 NH_3 与 HCN，其污染性低于直接燃烧产生的 NO_x，但由于其浓度较高，仍对环境有不利影响。

三、人造板废弃物的气化利用研究

关于人造板废弃物气化利用的研究相对较少。Girods 等（2009）在热重一红外装置上进行了相关的气化实验，结果表明，相对于热解利用，气化利用具有较高的能量利用效率。但是，对于人造板废弃物在气化炉装置上气化特性、污染物生成特性等的研究较少报道。

相对于人造板废弃物的循环再生与热解利用，人造板废弃物的气化利用具有以下优点：①气化利用的应用前景更加广泛，气化产生的合成气能够用于多种途径（替代天然气、产出液体燃料及相关化学品等）。②气化技术具有反应速度快、处理量大等优点，更加有利于装置规模的扩大，以便处理产量不断增加的人造板废弃物。③气化利用的污染性相对较低。循环再生利用过程中会产生含氮有机污水，这些含氮有机污水较难处理，并且会对土壤、水源会造成污染。热解利用过程中会产生高浓度 NH_3（Girods et al.，2008），其浓度可达到1％以上，NH_3 作为 NO_x 的前驱物，若直接排放会产生大量的氮氧化物造成严重环境污染，若用常规方法处理则会造成较高的尾气处理成本，而气化利用由于其反应特性，产出气体中 NO_x 前驱物浓度相对较低。

气流床是一种较为适合规模化应用的生物质气化装置，该气化装置温度高，停留时间短。将气流床应用于人造板废弃物的气化利用具有一定的优点：①气流床装置结构相对简单，便于加压，单位容积的生产能力为所有炉型中最高，有利于人造板废弃物气化的规模化应用。②气流床气化因为其气化温度高、反应性强等特点，一般来讲，产出气体中的焦油含量相对较少。因此，将人造板废弃物进行气流床气化是一种具有潜力的利用方式。

第五节 选题背景与研究内容

一、选题背景

人造板的大量广泛使用，造成了人造板废弃物的总量日渐增大，若不妥善处理将会造成环境污染和人体危害。将生物质气化技术用于人造板废弃物的能源化利用，不仅具有较好的环境效益，还能产出合成气用于燃烧或制化学品，具有一定的经济效益。众多生物质气化技术中，气流床气化具有单位容积生产能力高、产气焦油含量低的特点，较为适合人造板废弃物的气化利用。但是，由于人造板废弃物中具有含氮黏合剂，因此其气化产气中可能会含有一定浓度的含氮污染物（NH_3、HCN 等），会对后续合成气的使用造成不利影响，所以有必要采取一定的手段来降低人造板废弃物气化产气中含氮污染物的浓度。

人造板废弃物若不经预处理进行气化反应，就会对后续尾气净化系统造成较大的压力。因此，必须首先对原料进行预处理。烘焙预处理是被广泛使用的一种原料预处理手段。烘焙预处理能够脱除原料中的一部分氮、硫、氯元素，进而减少气化产气中的污染物，并且烘焙预处理工艺设备较为简单，因此成为废弃物预处理的优先选择技术。Girods 等（2008）使用管式炉研究了烘焙对人造板废弃物的氮脱除效果的影响，并进行了烘焙及未烘焙原料的固定床气化实验，结果表明烘焙能够脱除一部分氮元素，并且减少气化产气中 NH_3 的浓度，且烘焙温度 250℃、停留时间 14.5min 为最佳烘焙条件。

经过烘焙预处理后，气化产气中 H_2/CO 值比较低，并且仍含有一定浓度的含氮污染物，不能满足合成气后续合成的要求，因此需要采用一定的合成气调质净化技术调节 H_2/CO 值并且脱除含氮污染物。熔融盐是指熔融态的碱金属盐或碱的混合物，在高温下为液体。王小波（2010）将熔融盐应用于合成气的组分调整，结果表明，在 300～500℃ 温度下可以实现粗合成气的净化调质。Raharjo 等（2010）进行了熔融盐对 H_2S 和 COS 的脱除效果的研究，其结果表明，$Na_2CO_3 - K_2CO_3$ 混和熔融盐能够较为彻底地脱除气体中的含硫污染物。李小明（2014）考察了熔融盐对模拟合成气中 H_2S 的脱除特性，结果表明熔融盐对合成气中酸性气体有较好的吸收效果。熔融盐调质净化技术不但可以调整合成气的 H_2/CO 值，还能够脱除粗合成气中酸性气体污染物，因此可用于人造板废弃物气化产气的调质与净化。

二、本书主要的研究内容

本书进行了人造板废弃物气流床气化实验，在考察其气化特性的基础上，阐明氮元素迁移转化机理，然后采用烘焙预处理与熔融盐净化的手段解决其产气中含氮污染物较高的问题。其研究框架如下：

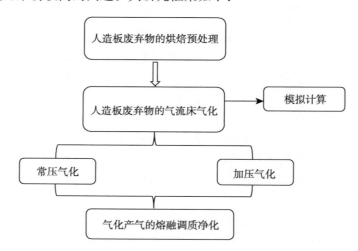

具体实验内容包括：

（1）进行人造板废弃物的气流床气化实验，研究气化条件对人造板废弃物气化特性的影响；分析人造板废弃物气化三相产物中含氮化合物，阐明人造板废弃物气化燃料氮的迁移转化机理。

（2）对人造板废弃物进行烘焙预处理，考察烘焙条件对原料烘焙特性以及氮迁移转化的影响，探讨烘焙过程氮元素的迁移转化机理；研究烘焙条件对人造板废弃物气流床气化特性和含氮污染物生成的影响。

（3）进行熔融盐对高含氮废弃物气化产气的调质与污染物脱除试验，考察不同熔融盐温度、不同静液高度对出口气体调质效果和污染物脱除特性的影响。

（4）在加压条件下进行人造板废弃物与烘焙固体产物的气流床气化实验，研究不同气化压力对气化特性、产气含氮污染物分布以及固体残渣中含氮化合物分布的影响。在加压热重装置上，研究生物质的加压热解、气化特性，计算其动力学参数。

（5）根据炉体与原料生物性，设定基本参数等，选定模型公式，使用Fluent 进行计算，得出温度、当量比和气化压力对人造板废弃物气流床气化过程中流场、温度和气体组分分布的影响。

第二章　人造板废弃物气流床气化特性与燃料氮迁移转化研究

第一节　引言

随着木材加工行业规模的逐渐增大，人造板以其价格低、可塑性强且强度高的优点正逐渐取代天然木材成为中低端家具和家居装潢的主要使用材料（钱小瑜，2015；贺小翠等，2008）。因此，在人造板的塑形、切割、抛光打磨过程中产生的人造板废弃物也日渐增多。直接的丢弃将会造成严重的环境污染，同时由于其含氮高的特性，燃烧时会产出较多的 NO_x，因此也不适用于直接燃烧。而生物质气化技术不仅能够处理这些木质废弃物，还可以将其转化为合成气来作为燃料或者制作化学品的原料，并且气化产生的污染物浓度相对较低。因此，有必要研究人造板废弃物的气化特性与气化燃料氮迁移转化。

关于常规生物质气化特性与燃料氮迁移转化的研究相对较多。研究人员在不同的气化反应器上进行了多种常规生物质的气化实验，研究试验对产气组分、气化特性参数、含氮污染生成和燃料氮迁移转化等条件的影响（冯宜鹏，2015；Zhou et al，2015；Jeremiáš et al.，2015）。但是，关于人造板废弃物气化特性与燃料氮迁移转化的研究相对较少。本章在生物质气流床装置上进行了人造板废弃物气流床气化试验。首先，考察了不同温度、当量比对人造板废弃物气化特性的影响，并与松木粉气化进行对比；然后，对比研究了人造板废弃物、松木粉和玉米芯 3 种原料气化燃料氮迁移转化规律，并考察不同试验条件对人造板废弃物气化燃料氮迁移转化的影响。

第二节　试验部分

一、试验原料

选用广州某家具厂的人造板废弃物（NWW）、天津的松木粉（PSD）和玉米芯（CP）。3 种原料在 105℃ 温度下烘干 12h 后，筛选出粒径在 150～

$250\mu m$ 内的原料备用。3 种原料的元素分析、工业分析和热值分析结果如表 2-1 所示。从表 2-1 可以看出人造板废弃物的元素成分、热值等与常规生物质较为接近，而氮元素含量远远大于常规生物质。

表 2-1　原料特性分析

	元素分析（%）					工业分析（%）			热值（MJ/kg）
	C_d	H_d	O_d	N_d	S_d	挥发分	固定碳	灰分	
PSD	44.5	4.8	49.2	0.20	0.01	86.1	12.6	1.3	17.80
NWW	44.7	6.2	42.9	4.70	0.01	80.9	17.5	1.6	17.99
CP	45.3	6.2	47.2	0.34	0.002	83.5	15.5	1.0	17.62

二、生物质气流床实验台

生物质气流床气化装置如图 2-1 所示。生物质气流床实验装置由进料系统、气化反应器、温度控制系统、配气系统、气体预热系统、冷却水系统、样品采集系统、计算机控制系统等组成，实验装置为立式钢架结构，总高度约为 6.5m。气化反应器高温恒温区最高 1 300℃，外壳内径 1.2m，内部反应管长度 2.4m，内径 68mm，反应管材质为 314L 不锈钢，反应器使用高效硅钼棒电加热装置，径向温差为 30～40℃，轴向温差不超过 50℃，高温恒温区长度约

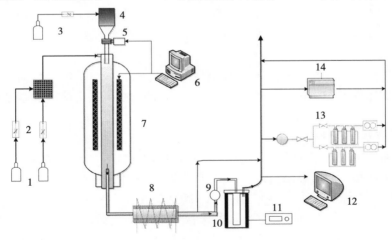

图 2-1　生物质气流床气化装置

1. 氧气、氩气钢瓶　2. 质量流量计　3. 氩气钢瓶　4. 料仓　5. 调频电机
6. 控制电脑　7. 气化反应器　8. 布袋除尘器　9. 气体流量计　10. 熔融盐反应器
11. 熔融盐温控装置　12. 气相色谱仪　13. 气体吸收瓶　14. 烟气分析仪

1 000mm。进料系统使用星形进料器，由调频电机控制进料器转速，进而控制进料量，转速为 0.5～3kg/h。配气系统主要由空气压缩机、钢瓶气、气体预热器等组成，使用质量流量计精确控制各种气体的流量，然后按照实验需求配比混合，再经过电加热气体预热器预热至 300～400℃后通入炉体。

气化固体残渣使用布袋除尘器收集，布袋除尘器工作温度为 300～350℃，以防止焦油冷凝。产气经布袋除尘器保温除尘后部分使用旁路引出，分别进行焦油、含氮污染物、主要气体组分等的采样分析。

三、气化产物分析

1. 气体产物分析

气体样品使用安捷伦 7 890A 气相色谱分析其主要成分，采用 GS-GASPRO 型柱（FID）与 6ft Q＋8ft 5A 及 6ft 5A（TCD）色谱柱，色谱柱 60℃温度下保持 3 min，再 15℃/min 升到 250℃。进样温度 200℃，分流 20∶1，柱流量 3 mL/min。主要分析气体有：CO、CO_2、CH_4、H_2、O_2、N_2 和 C_nH_m。

NH_3 与 HCN 的分析测量分别使用标准 HJ 533—2009 和 HJ 484—2009 中的方法。其中如图 2-1 所示，填充有 0.01mol/L 的稀硫酸溶液的吸收瓶吸收产气中的 NH_3，装有 1mol/L NaOH 溶液的吸收瓶吸收产气中的 HCN，后端均设置有累计气体流量计，以计量通过吸收瓶的气体流量。之后按照标准中的要求分别在样品中加入不同药剂进行显色反应，待反应结束后使用哈希 DR2900 型分光光度计进行测量，可以直接得出吸收液中 NH_4^+ 与 CN^- 的离子浓度，再根据流量计所得通入气体流量，可计算得出产气中 NH_3 与 HCN 的浓度。

使用德国 350XL 型烟气分析仪测量产气中 NO 与 NO_2 浓度。烟气分析仪气体采集速率为 1L/min。产气中 NO 与 NO_2 的浓度可以直接从仪器显示屏上读出。

2. 液体产物分析

焦油使用洗气瓶（填充异丙醇）收集，后端连接一台累计气体流量计。取样后使用气相－质谱联用仪器（Agilent 7890 型气相色谱联用 Agilent 5973 型质谱仪）进行分析。使用 HP－INNOWAX 色谱柱（30m×0.25mm，0.25μm），首先操作温度设定为 50℃下保留 2min，之后以 10℃/min 的速度升温至 90℃，最后以 6℃/min 的升温速率升温至 230℃，且恒温 10min。载气为高纯氦气，载气流速为 30mL/min。进样器温度 250℃，进样器分流比为 20∶1。质谱离子源温度为 240℃，运行电压为 70eV，离子通道范围（m/z）为 33～500u。所得产物峰面积可以用来进行半定量分析。

3. 固体产物分析

烘焙固体产物与气化固体残渣使用 Vario EL cube 元素分析仪分析其元素组成，按照国标 GB/T 28731—2012 分析其工业组成。

气化后的固体产物使用 X 射线光电子能谱仪（X-ray photoelectron spectroscopy，XPS）分析得到样品的近表面化学成分，即样品的氮元素结构。样品制备过程如下：首先取一定量的样品在 20MPa 压力下进行压片，压片停留时间为 30s，之后黏贴在专用的金属板上即可进行分析。仪器操作电压为 20kV，电流为 10mA，首先进行整体全范围扫描，然后进行氮元素扫描，其结合能范围为 390～410eV。使用 Thermo Avantage 软件分析测试结果，可计算得出不同成分的峰面积，可以作为半定量的分析。

四、试验数据分析

当量比（equivalence ratio，ER）是实际输入的氧量与燃料完全燃烧为 CO_2 与 H_2O 所需要的理论氧量的摩尔比。

气化剂氧浓度（oxygen concentration，OC）是指实验气化剂中氧气的浓度。

产出合成气流量采用氩元素平衡的方法进行计算，计算方法如式（2.1）所示。

$$Q = \frac{Q_{Ar}}{V_{Ar}} \tag{2.1}$$

其中，Q 为合成气流量；

Q_{Ar} 为进入炉体的氩气流量；

V_{Ar} 为产出合成气体中氩气的体积百分比。

合成气低位热值（Q_{LHV}）通过公式（2.2）计算，其中 V_{CO}、VH_2、VCH_4 为产出气体排除惰性气体后三种气体的体积浓度。根据文献（陈青，2012）可知，产气中 C_mH_n（$m>1$）的含量极少，因此对产气热值有较小的影响，计算过程中使用 CH_4 计算 C_mH_n 热值。

$$Q_{LHV} = V_{H_2} \times 10.8 + V_{CO} \times 12.64 + V_{CH_4} \times 35.9 \tag{2.2}$$

碳转化率（X）是指原料中碳元素转化为气态的比例，使用式（2.3）计算。其中 V_{CO}、V_{CO_2}、V_{CH_4} 分别为合成气中 CO、CO_2、CH_4 的体积分数；Q 为合成气流量；M_c 为生物质碳元素含量；W_g 为实验进料量。

$$X = \frac{(V_{CO} + V_{CO_2} + V_{CH_4}) \times Q/22.4}{M_c \times W_g/12} \times 100\% \tag{2.3}$$

产气率是指单位质量的原料所产出合成气的体积。根据产出合成气的流量

（Q）与实验进料量（W_g），按照式（2.4）可以计算得出合成气产气率（Gas yield，GY）。

$$GY = \frac{Q}{W_g} \qquad (2.4)$$

第三节　试验结果与分析

一、人造板废弃物气流床气化特性研究

气化过程中气化温度、当量比对气化特性有明显的影响（陈青，2012）。本节以人造板废弃物与松木粉为原料进行不同气化温度、当量比条件下的气流床气化试验，考察温度、当量比对人造板废弃物气流床气化特性的影响。

1. 气化温度对气流床气化特性的影响

气化温度是气流床气化过程中最重要的控制参数之一，对气化过程有明显的影响。两种原料进料量均为 1.2kg/h 左右，气化当量比为 0.27，考察温度对两种原料气化特性的影响。试验结果见图 2-2 和图 2-3。

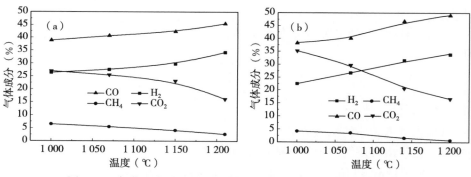

图 2-2　气化温度对人造板废弃物与松木粉气化产气组分的影响

（a）人造板废弃物　（b）松木粉

由图 2-2（a）可知，随着温度的升高，人造板废弃物气流床气化产气中 CO 与 H_2 的浓度呈现明显的升高趋势，而 CO_2 与 CH_4 的浓度则明显下降。其中，CO 与 H_2 浓度分别从 38.9 与 26.4％上升到 45.5 与 34.3％，CO_2 浓度从 27.0％大幅下降至 16.1％，CH_4 浓度由 6.5％下降至 2.7％。这主要是原料挥发分脱除后产生的残炭与 CO_2、H_2O 生成 CO 与 H_2 的反应，以及 CH_4 的裂解反应均为吸热反应［式（2.5）、（2.6）、（2.7）］，温度的提高，有利于这 3 个反应的正向进行（Ke et al.，2012；苏德仁等，2011），促使 CO_2 与 CH_4 更多的转化为 CO 与 H_2，进而使 CO、H_2 的浓度上升。

$$C + CO_2 \rightleftharpoons 2CO; \Delta H = +172.5kJ/mol \qquad (2.5)$$
$$C + H_2O \rightleftharpoons CO + H_2; \Delta H = +131.4kJ/mol \qquad (2.6)$$
$$CH_4 \rightleftharpoons C + 2H_2; \Delta H = +74.9kJ/mol \qquad (2.7)$$

对比图 2-2（a）与 2.2（b）可以看出，松木粉气流床气化产气组分随温度变化的趋势与人造板废弃物气化产气组分变化趋势基本一致，随着温度的提高，松木粉气化产气中 CO 与 H_2 的浓度明显提高，CO_2 与 CH_4 浓度下降。但两种原料产气组分浓度有所区别。其中人造板废弃物产气中 H_2、CH_4 浓度均高于松木粉气化。在 1 000℃时，人造板废弃物产气中 H_2 浓度为 26.4%，而松木粉气化产气中 H_2 浓度仅为 22.5%。这可能是人造板废弃物中氢元素含量高于松木粉中氢含量所导致。此外，人造板废弃物产气中 CH_4 浓度在 1 000℃时为 6.5%，也高于松木粉气化的 4.3%，其原因可能是人造板制造过程中加入的脲醛树脂等含氮黏合剂中具有较多的亚甲基存在（陈世华，2013），在气化反应中亚甲基从长链结构中裂解与氢自由基结合，最终反应生成 CH_4。

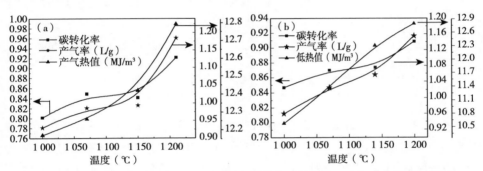

图 2-3 气化温度对人造板废弃物与松木粉气化碳转化率、产气率和热值的影响

（a）人造板废弃物 （b）松木粉

从图 2-3（a）中可以看出，随着温度的升高，人造板废弃物气化碳转化率明显提高，从 80.1% 提高至 92.2%，这主要是因为温度的提高促进了残炭与 CO_2 和 H_2O 的反应向正向进行，使更多的残炭转化为气态，进而提高了碳转化率。产气率随温度的提高而增大，从 0.93L/g 增加至 1.18L/g，产气热值由 12.1MJ/m³ 增大至 12.8MJ/m³。热值的增大是因为随着升温，残炭与 CO_2 和 H_2O 的反应产生了较多的 CO 与 H_2，使合成气热值有所上升。

对比图 2-3 中数据可以看出，人造板废弃物与松木粉气化特性参数随温度变化趋势基本一致，碳转化率、产气率和产气热值均随温度提高而增大。其中，两种原料气化的产气率差别不大，而碳转化率、产气热值有所区别。人造板废弃物气化碳转化率略低于松木粉气化，而产气热值高于松木粉气化，特别是在温度较低时，差别较为明显，在 1 000℃时，人造板废弃物气化碳转化率为 80.1％，产气热值为 12.1MJ/m³；而松木粉气化碳转化率为 84.7％，产气热值为 10.58 MJ/m³。其中，产气热值较高是因为人造板废弃物气化产气组分中 CH_4、H_2 浓度较高，CO_2 浓度较低。

2. 当量比对气流床气化特性的影响

当量比（ER）对产气组分浓度、气化特性参数有着重要的影响。在温度约为 1 150℃，进料量 1.2kg/h，不同当量比条件下进行气流床气化试验，当量比对产气组分比例的影响见图 2-4 所示。

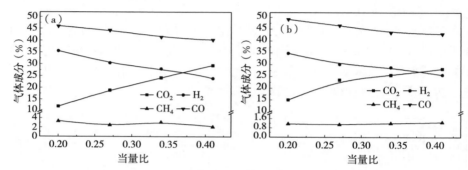

图 2-4 当量比对人造板废弃物与松木粉气化产气组分的影响
（a）人造板废弃物 （b）松木粉

由图 2-4（a）可知，随着当量比的提高，人造板废弃物气化产气中 H_2 与 CO 的浓度逐渐减小，CO_2 浓度有所增加，CH_4 浓度变化则不明显。H_2 与 CO 的浓度分别从 35.4％和 46.1％降低至 24.1％和 40.2％，而 CO_2 浓度从 12.1％提高至 29.6％。这与文献（Qin et al.，2012）研究结果基本一致。产气组分的变化主要是由于随着当量比的提高，进入反应器的氧量增加，部分 H_2、CO 与氧气反应生成 CO_2 与 H_2O［式（2.8）、（2.9）］，同时 H_2、CO 浓度的降低，使水煤气反应重新构建平衡状态［式（2.6）］，使两者相互竞争导致（苏德仁等，2011；Salah et al.，2013）。

$$O_2 + 2CO \rightleftharpoons 2CO_2; \Delta H = -134.2kJ/mol \qquad (2.8)$$

$$O_2 + 2H_2 \rightleftharpoons 2H_2O; \Delta H = -119.4kJ/mol \qquad (2.9)$$

对比图 2-4（a）与图 2-4（b）可知，随着当量比的提高，人造板废弃物与松木粉气化产气组分中浓度变化趋势基本一致，均为 H_2、CO 浓度减小，CO_2 浓度增加。但是，两种原料气化产气组分浓度值有所区别。人造板废弃物气化 CH_4 浓度高于松木粉气化，这与人造板废弃物的原料特性有关（见前文中分析）。

根据前文中两种原料产气组分随着当量比变化的结果，计算得到不同当量比对碳转化率、产气率等相关气化特性参数如图 2-5 所示。

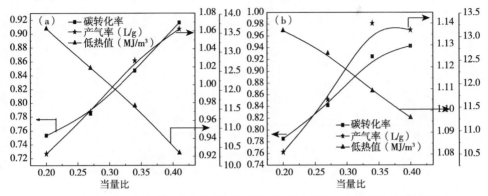

图 2-5　当量比对人造板废弃物与松木粉气化碳转化率、产气率和热值的影响
(a) 人造板废弃物　(b) 松木粉

由图 2-5 (a) 可知，人造板废弃物气化碳转化率与产气率随当量比的增大而升高。当量比提高时，碳转化率从 75.3% 升高至 91.6%，产气率由 0.92L/g 增加至 1.06L/g。与此相反，产气热值降低幅度达到 23.5%，从 13.6MJ/m³ 降低至 10.4 MJ/m³，这主要是因为更多的 O_2 通入，导致 H_2、CO 浓度减少，CO_2 浓度增大造成的。此外，对比图 2-5b 可以看出，两种原料气化特性参数随着当量比的变化趋势基本一致，但是松木粉气化碳转化率的值高于人造板废弃物气化碳转化率，这可能是由于松木粉中挥发分含量更高导致（表 2-1）。

3. 气化温度对人造板废弃物与松木粉气化碳分布的影响

不同温度下，两种原料气化产气、焦油、固体残渣三相产物中含碳量占总碳量的比例如图 2-6 所示，其中焦油含碳量由差减法计算得出。

从图 2-6 中可以看出，人造板废弃物气化产物中，碳元素主要分布在气体产物中，占总碳的 75.3%～91.6%，而焦油中含碳占总碳的比例最小，为 0～7.1%。随着气化温度的提高，人造板废弃物气化产气中含碳占总碳比例从 75.3% 提高至 91.6%，固体残渣中含碳占总碳的比例由 17.5% 降低至 9.5%，焦油中含氮占总碳比例则从 7.1% 降低为 0。这是因为温度的提高促进了固体残渣与气化剂的反应，同时也促进了焦油的裂解。

松木粉气流床气化碳元素分布与人造板废弃物气化碳元素分布基本一致，气体产物中含碳占总碳的比例最大，焦油中含碳占碳比例最小。但是，松木粉气化焦油中含碳占总碳比例明显小于人造板废弃物气化，这表明人造板废弃物气化产物中焦油的产量高于松木粉气化。

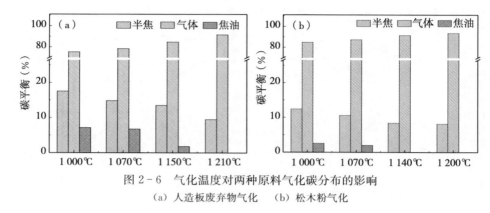

图2-6 气化温度对两种原料气化碳分布的影响

(a) 人造板废弃物气化 (b) 松木粉气化

二、人造板废弃物气流床气化燃料氮迁移转化研究

原料气化过程中燃料氮的迁移转化受到原料种类、气化温度、当量比和氧浓度等多因素的影响（Yuan et al.，2010；Zhou et al.，2000；Jeremiáš et al.，2014），本节在相同条件下（1 000℃、当量比0.27、氧浓度30%）进行了人造板废弃物、松木粉和玉米芯的气流床气化试验，对比了不同原料的燃料氮迁移转化的差异。在此基础上又进行了不同温度、当量比和氧气浓度对人造板废弃物气流床气化燃料氮迁移转化的影响研究。

1. 不同原料气化过程中的氮迁移转化研究

不同原料在气化产物中氮元素分布如图2-7所示。从图2-7可以看出，人造板废弃物中燃料氮在气化产物中的分布规律与常规生物质有明显的差异。对于人造板废弃物气化，其大部分的燃料氮转化为气相的形式，其中以N_2为主要的形式，占总氮的76%。同时，NH_3与HCN中的氮分别占总氮的3%和4%，而NO与NO_2中的氮所占比例极少。此外，人造板废弃物气化焦油中含氮所占比例略高于其他两种常规生物质气化中焦油含氮所占比例。两种常规生物质气化固体残渣中含氮占总氮的64%（松木粉）和59%（玉米芯），气相产物中最主要的含氮污染物是NH_3，同时含有少量的HCN、NO和NO_2，其结果与文献（Zhou et al.，2000）基本一致。可以看出，不同原料中氮含量与含氮化合物结构的不同，对气化燃料氮迁移的分布有明显的影响。

不同原料气化产气中NH_3、HCN、NO和NO_2的浓度如图2-8所示。可以看出，人造板废弃物气化产气中NH_3与HCN为主要的含氮污染物，且其浓度明显高于常规生物质气化，NH_3浓度达到1 060mg/m^3，HCN浓度为958mg/m^3。NO

与 NO_2 的浓度则略低于常规生物质气化,这可能是由于高浓度的 NH_3 在高温下的脱硝反应所造成的(Shen et al.,2008)。常规生物质气化中,玉米芯气化产气中 NH_3、HCN、NO 和 NO_2 的浓度均略高于松木粉气化。

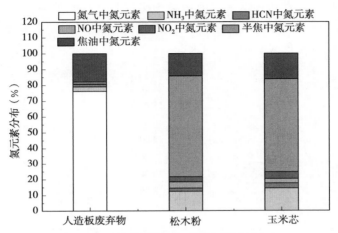

图 2-7 不同原料气化过程中燃料氮分布

(注:气化温度 1 000℃;当量比 0.27;氧浓度 30%)

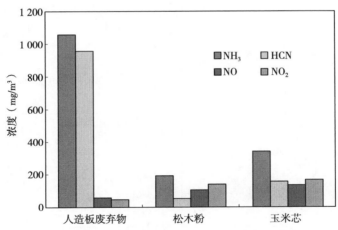

图 2-8 不同原料气化产气中含氮污染物的浓度

(注:气化温度 1 000℃;当量比 0.27;氧浓度 30%)

不同原料及其气化所得的固体产物进行 XPS 分析,所得的 N1s 光谱结果如图 2-9 所示,分析结果如表 2-2 所示。从图 2-9(a)可以看出,松木粉原样 N1s 光谱主要由 3 个峰组成,分别代表铵盐、吡啶和蛋白质(Yu et al.,2013;Leppalahti et al.,1991)。其中蛋白质为燃料氮最主要的存在形式,占总氮的 70% 以上，吡啶占总氮的 8%。玉米芯中燃料氮存在形式与松木粉类似，其中蛋白质中含氮占总氮的 96%，铵盐与吡啶含量较少。人造板废弃物的 N1s 光谱的峰强度明显大于两种常规生物质，主要由 4 个峰组成，分别为吡啶、蛋白质、尿素和吡咯。其中尿素为燃料氮的主要存在形式，占总氮的74%；此外，蛋白质和吡咯分别占总氮的 12% 和 10%。人造板废弃物与常规生物质中氮的分布形式有明显的不同。

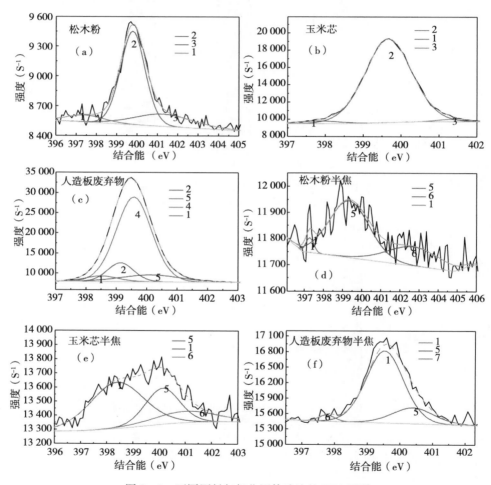

图 2 - 9　不同原料与气化固体残渣的 XPS 图谱

1. 吡啶　2. 蛋白质　3. 无机氮　4. 氨氮　5. 吡咯　6. 季氮　7. 氰氮

（a）松木粉　（b）玉米芯　（c）人造板废弃物　（d）松木粉半焦

（e）玉米芯半焦　（f）人造板废弃物半焦

（注：气化温度 1 000℃；当量比 0.27；氧浓度 30%）

从图 2-9、表 2-2 中可以看出，气化固体残渣与原料中的含氮化合物分布有明显的区别，气化反应显著地改变了燃料氮的存在形式。从图 2-9、表 2-2 中可以看出，松木粉气化固体残渣中吡咯占总氮的 67% 以上，铵盐的峰消失，同时有代表的四价氮（Li et al.，2000）的峰出现，并占总氮的近 30%。相似的变化也可以在玉米芯气化固体残渣中发现，四价氮占总氮的 16.2%；此外，吡啶的比例相对于玉米芯原样有明显的提高。在含氮木质废弃物气化固体残渣中，有 3 个主要的峰被检测到，分别代表吡啶、吡咯和氰化物（XPS and AES database）。其中，吡啶为最主要的含氮化合物，占总氮的 78%，远远高于常规生物质气化固体残渣中吡啶含量；此外，还有代表氰化物的峰出现，该峰在常规生物质气化固体残渣中未被检测到。

表 2-2　不同原料与气化固体残渣的 XPS 分析结果

	吡啶氮	蛋白质	无机氮	氨氮	吡咯氮	季氮	氰氮
	A_i/A_t（%）						
松木粉	8.1	70.0	21.9				
玉米芯	1.1	97.3	1.6				
人造板废弃物	3.3	20.7		71.3	4.7		
松木粉半焦	3.4				67.1	29.5	
玉米芯半焦	55.9				27.9	16.1	
人造板废弃物半焦	78.0				19.0		2.9

注：A_i 峰面积，A_t 总峰面积。

气化所产生的焦油成分分析结果如表 2-3 所示。松木粉气化所产生的焦油中含氮化合物主要由氨基化合物和氰类化合物组成，其中氨基化合物占主体。考虑到上文所述的松木粉原样氮存在形式，氨基化合物可能直接来自于原料中蛋白质与铵盐，而氰类化合物可能来自于氨基化合物和吡啶的后续反应。玉米芯气化所产生的焦油中，除了氨基化合物和氰类化合物外，还有含氮芳香环化合物被检测到，且占焦油总氮的 36%。相对于两种常规生物质气化焦油，木质废弃物气化焦油的含氮成分更为复杂，产物种类显著多于前两者，并且氰类化合物为主要组分，占焦油总氮的 73%。这些区别可能是由于高含氮黏合剂使用造成的。

根据以上试验结果推测，人造板废弃物中燃料氮迁移转化的路径如图 2-10 所示。当人造板废弃物进入高温反应区时，大部分燃料氮转化为气体，小部分残留在固体中。首先，脲醛树脂长链断裂，会生成一些小分子含氮化合物如尿素等。随后这些含氮化合物发生更彻底的裂解反应，大部分裂解为气态的 NH_3 与 HCN，另一部分与原料中芳香环类有机物发生反应，生成吡啶类与氰胺类化合物，最后冷凝于焦油中。同时，残余在半焦中的含氮化合物与半焦中碳骨架反应产生带有碳链的吡啶类、吡咯类和氰类化合物。最后，所有的含氮化合物，特别是 NH_3 和 HCN，均可以被氧化产生 N_2 和 NO_x。

表 2-3　三种原料气化焦油中含氮化合物分布

	松木粉	玉米芯	人造板废弃物
	A_i/A_t（%）		
氨基氮（—NHx）	53.5	25.8	1.5
4 - Amino - 1 - butanol	0.34	0.10	0.12
2 - Amino - 6 - methylpyrimidine - 4 - thiol			1.11
3 - Amino - 2 - phenazinol ditms	53.24		
Acetic acid，hydrazino -，ethyl ester			0.31
N - Benzyl - N - ethyl - p - isopropylbenzamide		25.73	
氰氮	46.5	38.1	72.6
Benzonitrile	46.53	38.11	69.79
Benzonitrile，2 - methyl -			1.97
Benzonitrile，4 - methyl -			0.55
Benzene，1 - isocyano - 4 - methyl -			0.19
杂环氮	0	36.1	26.7
Pyridine		36.05	25.96
Quinoline			0.66

注：A_i 峰面积，A_t 总峰面积。

2. 温度对人造板废弃物气化燃料氮转化的影响

温度对生物质气化过程有着明显的影响。不同温度下气化过程中燃料氮的迁移分布结果如表 2-4 所示。由表 2-4 可知，随着温度的增长，燃料氮在气化产气、半焦和焦油中的分布情况有明显的变化。气化过程中，大部分的燃料氮转化为 N_2，其比例从 1 000 ℃时的 76.1% 提高至 1 270 ℃时的 95.9%。这与 Aznar 等（2009）研究结果一致。NO 与 NO_2 所占燃料氮的比例较少。NH_3 中含氮占总氮比例由 3.4% 降低至 1.2%，这是由于高温促进了 NH_3 的分解（Chang et al.，2004；车德福，2013）。同时，温度的提高也促进了气化焦油的裂解，使焦油含氮占总氮比例呈现明显的下降趋势。

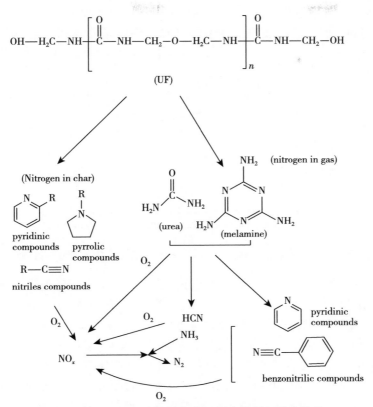

图 2-10　人造板废弃物气化过程中燃料氮转化路径

表 2-4　温度对人造板废弃物气化过程中燃料氮分布影响

温度 (℃)	氮气中 氮占比（%）	NH₃ 中 氮占比（%）	HCN 中 氮占比（%）	NO 中 氮占比（%）	NO₂ 中 氮占比（%）	半焦中 氮占比（%）	焦油中 氮占比（%）
1 000	76. 14	3. 40	1. 61	0. 09	0. 05	1. 42	17. 29
1 070	81. 66	2. 91	2. 10	0. 06	0. 04	2. 76	10. 47
1 150	86. 80	2. 80	2. 00	0. 06	0. 06	3. 70	4. 59
1 210	92. 66	2. 47	1. 47	0. 06	0. 05	3. 30	0
1 270	95. 90	1. 18	1. 39	0. 04	0. 04	1. 47	0

图 2-11 中为不同气化温度条件下，气化产气中含氮污染物的浓度。从图 2-11 可以看出，NH₃ 的浓度由 1 000 ℃时的 1 060 mg/m³ 降低至 1 270 ℃时的 320mg/m³，而 HCN 浓度先由 958 mg/m³ 增长至 1 180 mg/m³，然后再降低至 724 mg/m³。与此同时，NO 与 NO₂ 浓度均略有上升的趋势，这是由于

NH₃ 浓度降低导致脱硝反应减少所导致（Shen et al.，2008）。以上结果表明，温度的升高有利于减少人造板废弃物气化产气中含氮污染物浓度的降低。

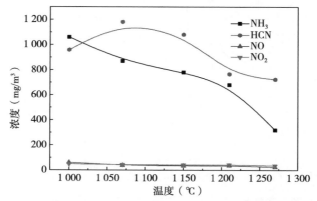

图 2 - 11　温度对人造板废弃物气化产气含氮污染物浓度的影响

　　不同温度下气化固体残渣的 XPS 分析结果如图 2 - 12 与表 2 - 5 所示。可以看出，温度对气化固体残渣含氮化合物结构有明显的影响。当温度由 1 000℃提高至 1 270℃时，吡啶类含氮化合物含量显示出下降趋势，由 78.0%降低至 9.7%。而吡咯类含氮化合物含量则由 19.0%增加至 76.6%。这可能是由于吡啶类含氮化合物在高温下更多转化为吡咯类含氮化合物，这与文献（车德福，2013）一致。更高的温度会使吡啶类含氮化合物稳定性变差，使其转化为与吡咯类有相同官能团的 2 - 吡啶酮类。此外，氰类含氮化合物的相对峰面积由 2.9% 提高至 13.7%。

表 2 - 5　不同温度对气化固体残渣含氮化合物分布的影响

温度（℃）	吡咯氮	吡啶氮	氰氮
	N_i/N_t（%）		
1 000	19.0	78.0	3.0
1 070	64.7	31.3	4.0
1 150	67.1	28.6	4.3
1 210	78.2	14.8	7.0
1 270	76.6	9.7	13.7

　　注：N_i 峰面积；N_t 总峰面积。

3. 当量比对人造板废弃物气化燃料氮转化的影响

　　当量比对气化过程中燃料氮的转化有明显的影响。当量比对气化燃料氮分布的影响如表 2-6 所示。可以看出，随着当量比的提高，更多的燃料氮转为气态。当量比由 0.2 提高至 0.41 时，N_2 中含氮占总氮比例由 78.3% 增大至 88.6%，HCN 中含氮占总氮比例由 1.8% 增大至 2.4%。相反，气化固体残渣和焦油中含氮占总氮比例呈现下降趋势。这些变化可能是由于当量比的提高会使更多的焦油分解所导致（冯宜鹏等，2015）。

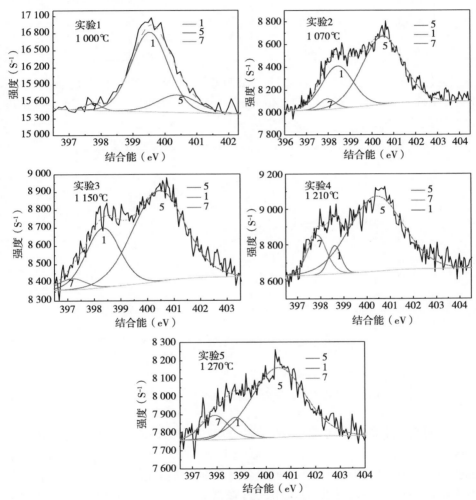

图 2-12　不同温度下气化固体残渣 XPS 分析图谱

1. 吡啶氮　5. 吡咯氮　7. 氰氮

表 2-6　不同当量比对人造板废弃物气化燃料氮分布的影响

当量比	氮气中 氮占比 （%）	NH₃ 中 氮占比 （%）	HCN 中 氮占比 （%）	NO 中 氮占比 （%）	NO₂ 中 氮占比 （%）	半焦中 氮占比 （%）	焦油中 氮占比 （%）
0.20	78.32	0.68	1.84	0.05	0.07	3.39	15.65
0.27	86.80	2.80	2.00	0.06	0.05	3.70	4.59
0.34	82.31	0.69	2.10	0.06	0.04	2.69	12.11
0.41	88.64	0.73	2.42	0.10	0.04	2.40	5.67

从图 2-13 中可以看出，当量比对产气中 HCN 和 NO_x 的浓度影响较小。HCN 浓度在 1 080 mg/m^3 与 1 146 mg/m^3 之间浮动变化，NO 与 NO_2 的浓度没有明显的变化趋势。NH_3 浓度则从 816 mg/m^3 降低到 330 mg/m^3。

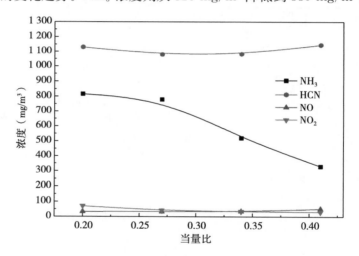

图 2-13　当量比对人造板废弃物气化产气含氮污染物浓度的影响

不同当量比条件下气化固体残渣的 XPS 图谱如图 2-14 所示，分析结果如表 2-7 所示。可以看出，当量比对气化固体残渣中含氮化合物分布有明显的影响，特别是吡啶类、氰类含氮化合物。随着当量比的增加，吡啶类含氮化合物相对峰面积迅速减少，由 27.0% 降低至 2.8%，氰类含氮化合物则由 4.7% 提高至 20.6%。这可能是因为更多的氧气进入能够更大程度地破坏焦油中杂环类含氮化合物，使其与半焦中碳骨架长链发生气固反应，进而改变半焦中氮结构分布。

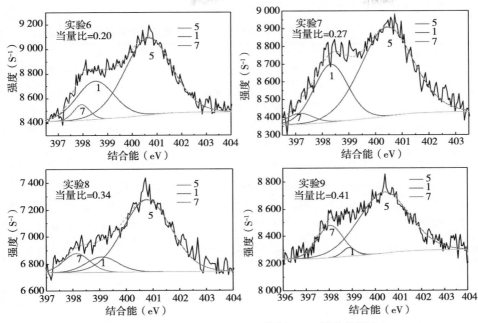

图 2-14　不同当量比对 XPS 分析 N1 S 图谱的影响

1. 吡啶氮　5. 吡咯氮　7. 氰氮

表 2-7　不同当量比对气化固体残渣含氮化合物分布的影响

当量比	吡咯氮	吡啶氮	氰氮
	N_i/N_t　（%）		
0.20	68.3	27.0	4.7
0.27	67.1	28.6	4.3
0.34	77.4	11.2	11.4
0.41	76.5	2.8	20.7

注：N_i 峰面积；N_t 总峰面积。

4. 氧浓度对人造板废弃物气化燃料氮转化的影响

不同氧浓度下气化燃料氮分布如表 2-8 中所示。从表 2-8 中可知，氧浓度的提高会使更多的燃料氮转化为气态。其中，燃料氮转化为 N_2 的比例由 81.0% 提高至 93.3%；相反，燃料氮转化为 HCN 与 NH_3 的比例分别由 2.7% 和 3.7% 降低至 1.7% 和 1.8%。此外，氧浓度的提高使焦油含氮有所减少。以上结果表明，氧浓度的提高对于减少气化产气中含氮污染物，并提高燃

料氮转化为 N_2 的比例有明显的效果。

表 2-8　气化剂氧浓度对人造板废弃物气化燃料氮分布的影响

氧浓度 （%）	氮气中 氮占比 （%）	NH_3 中 氮占比 （%）	HCN 中 氮占比 （%）	NO 中 氮占比 （%）	NO_2 中 氮占比 （%）	半焦中 氮占比 （%）	焦油中 氮占比 （%）
21	81.00	3.70	2.70	0.05	0.05	3.00	9.50
30	86.80	2.80	2.00	0.06	0.05	3.70	4.59
40	94.36	0.28	1.72	0.10	0.05	3.50	0.00

气化剂氧浓度对产气中 HCN、NH_3 和 NO_x 的浓度有明显的影响。当氧浓度由 21% 提高至 40% 时，NH_3 浓度由 835 mg/m^3 降低至 550mg/m^3，HCN浓度则降低了 17.4%。但是，更高的氧浓度也导致了 NO 浓度有所上升，由 26 mg/m^3 提高至 60 mg/m^3，这与文献（Tan et al.，2004；Philippe et al，1997）中研究结果一致。

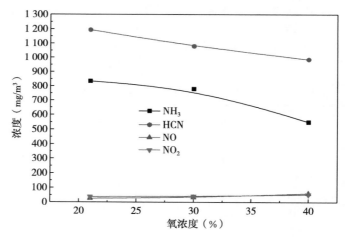

图 2-15　氧浓度对人造板废弃物气化产气含氮污染物浓度的影响

从表 2-9 与图 2-16 中可以看出，氧浓度的变化使气化固体残渣中含氮化合物结构发生了改变。当氧浓度从 21% 提高至 40% 时，吡咯类含氮化合物相对峰面积由 82.3% 降低至 54.9%，而吡啶类含氮化合物则由 16.3% 上升至 31.3%。另外，氰类含氮化合物相对峰面积有明显的上升趋势。考虑到焦油中含氮比例的减少，可以推测吡啶类与氰类含氮化合物的含量提高是因为更长的停留时间，使焦油中含氮化合物与半焦中碳链发生更多的反应。

表 2-9 不同氧浓度气化固体残渣含氮化合物分布的影响

氧浓度（%）	吡咯氮	吡啶氮	氰氮
	N_i/N_t （%）		
21	82.3	16.3	1.4
30	67.1	28.6	4.3
40	54.9	31.3	13.8

注：N_i 峰面积；N_t 总峰面积。

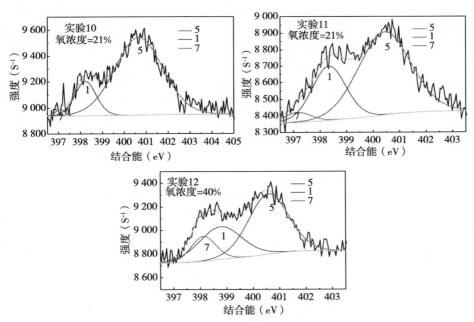

图 2-16 不同氧浓度下气化固体残渣 XPS 图谱
1. 吡啶氮 5. 吡咯氮 7. 氰氮

第四节 本章小结

（1）气化温度和当量比对人造板废弃物的气流床气化有明显的影响。随着气化温度的提高，CO 与 H_2 浓度、碳转化率、产气率和产气热值均有明显上升，CH_4 浓度及焦油含量有所降低；随着当量比的增大，CO 与 H_2 浓度、产气热值降低，CO_2 浓度和产气率有所增大。人造板废弃物气化产气组分中 CH_4 浓度高于松木粉气化，产气热值则高于松木粉气化，产气中焦油含量明显高于松木粉气化产气。

（2）人造板废弃物气化过程中燃料氮转化与常规生物质有明显的区别，燃料氮主要转化为气体产物，其中 N_2 是最主要的气态含氮产物，占总氮的76.1%。产气中 NH_3 与 HCN 的浓度分别为 1 060 和 958 mg/m^3，明显高于常规生物质气化产气中浓度；NH_3 与 HCN 的浓度与气化燃料氮转化受实验条件的影响较为明显。随着温度、当量比与氧浓度的提高，N_2 含氮占总氮比例显著上升，达到 95.6%，NH_3 浓度下降至 320 mg/m^3。气化固体残渣中吡啶类、吡咯类和氰类含氮化合物有不同的变化趋势。综合来看，更高的温度、当量比与氧浓度有利于人造板废弃物燃料氮的无害化转化，减少产物中 NH_3 和 HCN 的生成。

第三章 人造板废弃物烘焙、气化特性与氮迁移转化研究

第一节 引言

由于人造板的生产过程中大量使用高含氮的黏合剂（脲醛树脂等）来增强人造板的强度，导致这些木质废弃物的氮含量明显高于木粉、玉米芯等常规生物质。根据第二章中实验结果可知，人造板废弃物气化产气中具有较高的 NH_3、HCN 等含氮污染物浓度。因此，有必要对人造板废弃物进行预处理，以减少气化产物中的含氮污染物。

在生物质的热化学转换过程中，烘焙预处理是一种有效的预处理手段。烘焙预处理是在温度相对较低的条件下将原料置于惰性气氛中进行低温热解。烘焙预处理不但可以提高原料能量密度与均匀性（Phanphanich et al.，2011；Chen et al.，2011；Bridgeman et al.，2010），还可以改变原料的内部化学结构，并减少原料热化学转化产物的污染性。Aznar 等（2009）实验表明，烘焙预处理能够减少污泥中的含氮官能团。Ndibe 等（2015）研究了烘焙生物质的燃烧特性，结果表明烘焙生物质的 NO_x 排放低于未处理生物质。但是，文献中对于人造板废弃物烘焙过程中氮迁移转化与烘焙对气化影响的研究较少。本章在螺旋热解反应器上对人造板废弃物进行烘焙预处理，研究了烘焙温度、停留时间对原料烘焙特性以及烘焙燃料氮迁移转化的影响；然后将烘焙后固体产物进行气流床气化，研究烘焙温度、停留时间对气流床气化特性与气化含氮污染物分布的影响。

第二节 实验部分

一、试验原料

本实验所使用的人造板废弃物（Nitrogen—rich wood waste，NWW）来自广州某家具厂。原料特性分析结果如第二章表 2-1 中所示。

二、试验装置

1. 螺旋热解反应器

原料的烘焙预处理在连续进料的螺旋热解反应器上进行，该装置可控进料量为 0～2kg/h，如图 3-1 所示。通过温控仪表控制需要的实验温度，使用调频器控制进料电机转速，以控制停留时间。实验进行时，先通入氩气排出装置内的空气，待装置内温度稳定时，按照实验所需设定电机转速开始进料。使用氩气为载气，氩气流量为 400L/h，载气主要通入高温反应区域，少量通入料仓，以保证进料的稳定性。装置后端为灰斗，可以收集反应后的固体产物。所产生的挥发性物质使用两级冷凝管冷凝并使用锥形瓶收集。采集多个气体样品，气体采集间隔约为 6min，并根据多个气体组分浓度进行加权平均计算可得出平均气体组分结果。根据文献（Chang et al.，2012；赵辉，2009）以及设备参数选定实验条件为：烘焙预处理温度 245、265、285、305℃，停留时间为 5.4、7.5、10.8、22.5min。

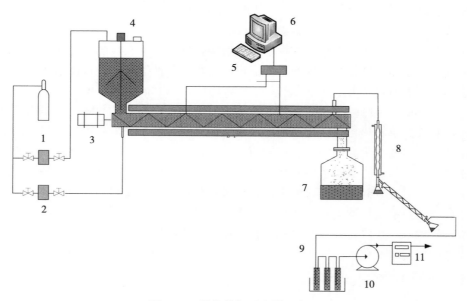

图 3-1　螺旋热解反应器示意图

1. 氩气钢瓶　2. 质量流量计　3. 调频电机　4. 料仓　5. 热电偶　6. 温控电脑
7. 灰斗　8. 冷凝管　9. 吸收瓶　10. 抽气泵　11. 流量计

2. 生物质气流床气化装置

烘焙后的固体产物使用生物质气流床装置进行气化实验，装置详细结构参数见第二章中所示。所采用的气化温度为 1 200℃，当量比为 0.27，使用氧气与氩气的混合气为气化剂（30%O_2＋70%Ar），进料量约为 1.2kg/h。

三、产物分析

1. 气体产物分析

收集的气体样品使用安捷伦 7890A 气相色谱分析其主要成分。NH_3 与 HCN 采用标准 HJ 533—2009 和 HJ 484—2009 中的方法测量。产气中 NO 与 NO_2 浓度通过 testo 350XL 型烟气分析仪测量。详细测量方法见第二章中所述。

2. 液体产物分析

焦油样品使用气相-质谱联用仪器（Agilent 7890 型气相色谱联用 Agilent 5973 型质谱仪）进行分析，详细方法见第二章所示。

3. 固体产物分析

烘焙固体产物与气化固体残渣使用 Vario EL cube 元素分析仪，分析其元素组成，按照国标 GB/T 28S731—2012 分析其工业组成。

烘焙后的固体产物使用 X 射线光电子能谱（X-ray photoelectron spectroscopy，XPS）来分析，方法见第二章。

原料与烘焙后固体产物均使用红外光谱仪（Fourier transform infrared，FTIR）分析其结构组成。将约 1mg 样品均匀混合入 300mg 溴化钾中，再将其放入分析用方格中进行分析。红外波数为 400～4 000cm^{-1}，分辨率为 4cm^{-1}，每个样品进行 3 次分析取其平均值，所得数据使用 OPUS6.5 软件分析。

四、试验数据分析

产物产率（η_x），即烘焙后三相产物质量与原料质量的比值，产物产率包括：固体产率（η_{solid}）、气体产率（η_{gas}）与液体产率（η_{liquid}）。均使用式（3.1）计算，其中 m_{fuel} 为原料质量；$m_{product}$ 为烘焙产物质量。

$$\eta_x = \frac{m_x}{m_{fuel}} \times 100\% , x = solid, gas, or\ liquid \qquad (3.1)$$

能量产率（η_{energy}）使用式（3.2）计算，该参数用来衡量烘焙能量收率。其中 η_{solid} 为固体产率；$LHV_{solid\ product}$ 为固体产物的低位热值；LHV_{fuel} 为原料的低位热值。

$$\eta_{energy} = \frac{\eta_{solid} \times LHV_{solid\ product}}{LHV_{fuel}} \times 100\% \qquad (3.2)$$

气化产气流量（Q）、碳转化率（X）、产气率（Gas yield）和低位热值

（LHV）按照第二章中方法计算。

第三节　结果与分析

一、烘焙条件对人造板废弃物烘焙特性的影响

1. 烘焙温度对人造板废弃物烘焙特性的影响

不同烘焙温度下，烘焙液体、固体和气体三相产物产率如图 3-2（a）所示、烘焙能量产率如图 3-2（b）所示、烘焙固体产物特性分析结果如表 3-2 所示。

由图 3-2（a）可以看出，随着烘焙温度的提高，固体产物产率逐渐减少，液体、气体产物产率均明显增加。固体产物产率由 92.8% 减少至 69.4%，而液体、气体产物产率则分别从 4.8% 和 2.5% 提高至 9.6% 和 21.0%，这主要是由于随着烘焙温度的提高，原料中更多的半纤维素分解、转化为气体与液体产物（Chang et al.，2012）。

从图 3-2（b）中可知，随着烘焙温度的提高，烘焙能量产率出现减小的趋势，由 93.5% 降低至 80.1%。这主要是由于提高烘焙温度能够促进更多的半纤维分解为气体或液体产物，进而使固体产率明显降低（赵辉，2009）。当温度在 245～265℃ 之间时，能量产率降低较为缓慢；当温度达到 265℃ 以上时，降低速度明显加快。

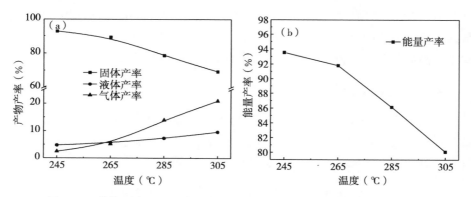

图 3-2　烘焙温度对人造板废弃物烘焙特性的影响（停留时间 10.7min）

（a）三相产物产率　（b）能量产率

由表 3-1 中可知，与未烘焙原料相比，烘焙后固体产物中碳元素含量有所增大，氧元素含量明显减小，并且随着烘焙温度的提高，碳元素含量增大，氧元素下降，这与文献中的实验结果一致（赵辉，2009；陈登宇，2013），主要是由于烘焙预处理脱除了原料中的固有水分与羧酸基，进而提高了碳元素含

量，降低了氧元素含量。此外，烘焙后固体产物中氮元素含量减少，这表明烘焙预处理能够脱除人造板废弃物中的氮元素。随着烘焙温度的提高，氮元素含量呈现先减小、后增大趋势，这是由于烘焙虽然能够脱除氮元素，但是在较高的烘焙温度条件下，固体产率明显减小，进而导致原料含氮量的提高。烘焙预处理能够提高固体产物热值，当烘焙温度由 245℃提高至 305℃时，固体产物热值由 18.14 MJ/kg 提高至 20.76 MJ/kg。

表 3-1　未烘焙原料与不同温度下烘焙固体产物特性分析结果

原料	条件		元素分析（%）						工艺分析（wt/%）			低位热值（MJ/kg）
	温度（℃）	停留时间（min）	N_d	C_d	H_d	S_d	O_d	O/C	挥发分	固定碳	灰分	
人造板废弃物			4.84	44.55	6.16	0.01	42.8	0.96	82.2	17.5	0.3	17.99
人造板废弃物烘焙产物	245	10.7	3.63	47.46	5.99	0.041	41.1	0.87	76.8	21.4	1.8	18.14
	265	10.7	3.54	48.72	5.95	0.021	39.5	0.81	75.3	22.4	2.3	18.52
	285	10.7	3.26	51.60	5.84	0.018	36.9	0.72	70.3	27.3	2.4	19.70
	305	10.7	3.29	52.72	5.46	0.014	35.5	0.67	64.1	32.9	3.0	20.76

2. 停留时间对人造板废弃物烘焙特性的影响

图 3-3 表示不同停留时间条件下烘焙产物产率与能量产率。当停留时间由 5.4min 提高至 22.5min 时，固体产物产率由 90.0% 减少至 64.0%，液体、气体产物产率则均有所增大，二者分别从 5.3% 和 4.8% 提高至 11.4% 和 24.6%，这可能是由于停留时间的延长使更多的纤维素分解。停留时间的延长使能量产率有所下降，且当停留时间为 5.4～10.8min 时，能量产率降低幅度不大；而停留时间达到 22.5min 时，能量产率降低明显。

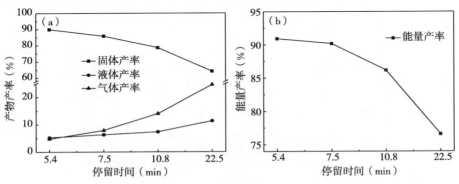

图 3-3　停留时间对人造板废弃物烘焙特性的影响（温度 285℃）
（a）产物产率　（b）能量产率

不同停留时间下烘焙固体产物特性分析结果如表3-2所示。随着停留时间的延长，氮元素含量呈现先减小、后增大趋势，这是由于烘焙预处理虽然能够脱除氮元素，但是在较长的停留时间条件下，固体产率明显减小，进而导致了含氮量的提高。烘焙固体产物热值有所提高，停留时间为5.4min时，低位热值为18.18 MJ/kg；当停留时间延长至22.5min时，热值则提高了18.3%。

表3-2　不同停留时间下烘焙固体产物组分特性分析结果

条件		元素分析（%）						工艺分析（%）			低位热值（MJ/kg）
温度（℃）	停留时间（min）	N_d	C_d	H_d	S_d	O_d	O/C	挥发分	固定碳	灰分	
285	5.4	3.51	47.95	5.85	0.015	40.8	0.85	75.2	22.9	1.9	18.18
285	7.5	3.33	48.91	5.88	0.020	39.7	0.81	74.2	23.6	2.2	18.90
285	10.7	3.26	51.60	5.84	0.018	36.9	0.72	70.3	27.3	2.4	19.70
285	22.5	3.47	55.82	5.55	0.023	31.9	0.57	62.0	34.7	3.3	21.51

二、烘焙条件对人造板废弃物烘焙过程中氮迁移转化的影响

1. 烘焙温度对人造板废弃物烘焙过程中氮迁移转化的影响

不同烘焙温度下，烘焙三相产物氮分布如图3-4中所示。可以看出，燃料氮主要存在于固体产物中，占总氮的47.0%~68.2%，但随着温度的提高，固体产物含氮占总氮的比例明显下降，由245℃时的68.2%下降至305℃的

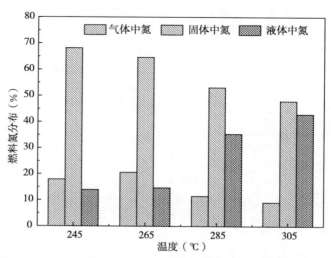

图3-4　烘焙温度对烘焙产物氮分布的影响（停留时间10.7min）

48.0％，这主要是由于更高的温度促使原料中含氮化合物进一步分解或与原料中碳链结构发生反应。气体产物含氮占总氮比例呈现降低趋势，由17.9％降低至9.1％，而液体产物氮元素占总氮比例有明显的提高，从13.9％提高至42.9％。这可能是由于在烘焙温度较低的情况下，含氮化合物主要发生热分解反应生成气体，而当温度较高时，还会与原料中的碳链结构发生聚合反应，并随着碳链结构的断裂生成可凝性气体，然后存于液体产物中。

从表3-3中可以看出，烘焙液体产物中已被检测出的含氮化合物主要存在形式为含氮杂环化合物（48.9％～71.7％）、氨基化合物（28.3％～51.08％）以及含氮杂环氨基混合型化合物（0～10.76％），并有少量的硝基和氰基化合物出现。其中含氮杂环化合物中，主要有咪唑类（N-Imidazole）、吡唑类（N-Pyrazol）、吡咯类（N-Pyrrole）、吡啶类（N-Pyridine）和吡嗪类（N-Pyrazine）出现，吡啶类含量最高，达到24.7％～64.2％，其余种类含量均较少。氨基化合物中乙酰胺类含量最高，为10.1％～26.7％，甲酰胺类、苯胺类和酚胺类的比例相对较少。混合型化合物主要由苯环、含氮杂环与氨基联合而形成。

表3-3　烘焙温度对烘焙液体产物中含氮化合物成分的影响（停留时间 10.7min）

含氮化合物	相对峰面积（%）			
	245℃	265℃	285℃	305℃
1H - Imidazole，1 - methyl -			2.3	2.59
1H - Imidazole，4 - methyl -				1.35
1H - Imidazole，1，5 - dimethyl -			2.3	1.65
1H - Imidazole - 4 - ethanamine，1 - methyl -				0.68
1 - Methylimidazole - 4 - carboxaldehyde			1.21	
2 - Isopropylimidazole				0.85
Imidazole - 4 - acetic acid				
咪唑氮总量	0	0	5.81	7.12
3H - Pyrazol - 3 - one，2，4 - dihydro - 5 - methyl -			1.94	
3，4，5 - Trimethylpyrazole				2.2
1H - Pyrazole，3 - methyl -				
Ethanone，1 - （1H - pyrazol - 4 - yl） -			1.67	1.41
Pyrazole - 4 - carboxaldehyde，1 - methyl -				
吡唑氮总量	0	0	3.61	3.61
Pyrrole			1.68	2.5

（续）

含氮化合物	相对峰面积（%）			
	245℃	265℃	285℃	305℃
1H－Pyrrole，1－methyl－				0.63
1H－Pyrrole，2，5－dimethyl－				
3－Butyl－2－methyl－1－pyrrolin－4－one				1.75
2－Pyrrolidinone				0.42
2－Pyrrolidinone，1－methyl－				
1H－Pyrrole－2－carboxaldehyde，1－methyl－			0.84	0.42
2，5－Pyrrolidinedione，1－methyl－				0.49
Pyrrolidine，1－（1－butenyl）－				
吡咯氮总量	0	0	2.52	6.21
2（1H）－Pyridinone，1－methyl－				
2（1H）－Pyridone，6－methyl－	2.07	6.07	3.1	
3－Pyridinol	62.12	49.64	27.01	19
3－Pyridinol，6－methyl－				
3－Pyridinol－1－oxide			1.62	
4（1H）－Pyridinone，2，3－dihydro－1－methyl－				1.35
Pyridine				0.63
Pyridine，2－methyl－				
Pyridine，3－methoxy－		3.98	3.06	3.22
Pyridine，3－methyl－				0.51
Pyridine，3－pyrrol－2－yl－				
Pyrimidine，4－methyl－			0.92	
吡啶氮总量	64.19	59.69	35.71	24.71
Pyrazine				0.51
Pyrazine，methyl－			1.14	0.85
Pyrazine，2－methyl－5－（1－propenyl）－，（E）－				1.36
Pyrazine，2，6－dimethyl－				
Pyrazine，2－ethyl－3，5－dimethyl－				
Pyrazine，2－ethyl－5－methyl－				
Pyrazine，2－ethyl－6－methyl－				0.46
Pyrazine，methyl－				

（续）

含氮化合物	相对峰面积（%）			
	245℃	265℃	285℃	305℃
吡嗪氮总量	0	0	1.14	3.18
Urea，N，N－dimethyl－			0.87	0.64
Acetamide	33.58	26.65	10.96	8.79
Acetamide，N－methyl－			1.65	1.35
Carbamic acid，methyl ester				
Ethanamine，N－cyclohexylidene－				
Formamide			2.71	2.23
Formamide，N，N－dimethyl－	2.23	4.98	2.77	1.33
Formamide，N－methyl－			1.41	1.17
N，N－Dimethylacetamide		3.67	1.78	0.9
Phenol，3－amino－				2.77
Phenol，4－amino－3－methyl－				
Propanamide，2－hydroxy－N－methyl－				
氨基长链氮总量	35.9	35.3	22.15	19.18
1，3－Benzenediamine，4－methoxy－				0.59
1，3－Propanediamine，N－methyl－			3.96	6.47
2－Benzyloxyethylamine				0.42
3－Amino－5－pyrazolol				1.5
3－Aminopyridine				0.51
5－（Acetylaminomethyl）－4－amino－2－methylpyrimidine			1.84	
6－Aminoindoline				
Benzeneacetamide，N－（aminocarbonyl）－4－hydroxy－3－methoxy				1.27
Furazan－3－amine，4－methoxy－				
氨基杂环类氮总量	0	0	5.8	10.76
1，2，4－Triazine－3，5（2H，4H）－dione				
1H－1，2，3－Triazole，4－methyl－5－（5－methyl－1H－pyrazol－3－yl）－				2.49
Isoxazole，3，5－dimethyl－				
Succinimide			1.48	1.61
其他	0	0	1.48	4.1

　　随着烘焙温度的提高，含氮化合物的种类增多。咪唑类、吡唑类、吡咯类和吡嗪类含氮化合物在低温时均未被检测到，在285℃时开始出现，且随着温度的提高含量增加。吡啶类含氮化合物的含量由59.7％迅速减少至24.7％，氨基类化合物从35.3％减少至19.2％。该结果表明，吡啶类与氨基类含氮化合物的热稳定性较差，在烘焙温度较低时，焦油中含氮化合物只有吡啶类与氨基类，而当温度提高时，吡啶类与氨基类化合物逐渐向其他含氮杂环类转化，同时二者之间发生缩聚、取代等反应，生成混合型含氮化合物。

　　烘焙产气中含氮成分的浓度如表3-4中所示。人造板废弃物烘焙产气中未检测出 HCN 与 NO_x，而且由于使用氩气为载气，因此人造板废弃物烘焙气体产物中燃料氮的存在形式为 N_2 与 NH_3。其中，NH_3 为最主要存在形式，其含量显著高于 N_2。NH_3 来自于原料中高含氮黏合剂（脲醛树脂等）中氨基的分解，而 N_2 可能是由黏合剂（脲醛树脂等）中氨基或脱出的 NH_3 在碱金属的催化作用下受热分解生成（Tsubouchi et al.，2008）。

表3-4　烘焙温度对烘焙气体产物中含氮组分的影响

温度（℃）		245	265	285	305
停留时间（min）		10.7	10.7	10.7	10.7
含氮污染物	N_2（mg/m^3）	3 057	4 031	2 896	2 930
	NH_3（mg/m^3）	16 339	18 192	9 086	6 039
	HCN（mg/m^3）	未检出	未检出	未检出	未检出
	NO_x（mg/m^3）	未检出	未检出	未检出	未检出

　　人造板废弃物与不同温度下烘焙固体产物的 FTIR 结果如图3-5所示，官能团分析结果如表3-5所示。可以看出，进行烘焙预处理后，1 738～1 735 cm^{-1} 处的1号峰峰强度显著减小，且随着烘焙温度的提高，峰强度逐渐减小。这表明，烘焙预处理使部分半纤维素发生反应，且随着烘焙温度的提高反应更加剧烈。此外，人造板废弃物与烘焙后固体产物中含氮的官能团主要以氨基类为主。在波数1 241 cm^{-1} 和1 650 cm^{-1} 处，原料与烘焙固体产物均有不同强度的代表氨基的吸收峰出现，而且随着烘焙温度提高，峰强度呈现逐渐减小的趋势。3号峰代表氨基官能团，只在原料中出现，而在烘焙固体产物中则基本消失。10号峰为芳香族伯胺的 N-H 伸缩振动引起的吸收峰，该峰在原料中出现，烘焙后则消失。在3 100～3 600cm^{-1} 范围内出现的9号峰则相对比较复杂，一般认为是由醇、酚类的羟基和氨基及其的氢键引起的吸收峰，该吸收峰强度随着烘焙温度的提高逐渐减小。

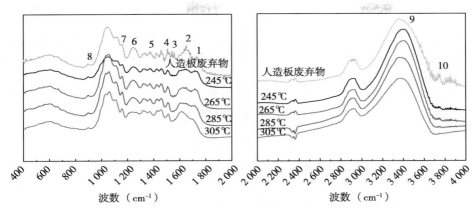

图 3-5　人造板废弃物与不同温度下烘焙固体产物红外光谱谱图

表 3-5　人造板废弃物与不同温度下烘焙固体产物主要的官能团

序号	波数（cm⁻¹）	官能团
1	1 738～1 735	C＝O valence vibration of xylans（hemicellulose）
2	1 650	amide
3	1 540	amide
4	1 511	aromatic skeletal vibration in lignin
5	1 375～1 378	C-H deformation in cellulose and hemicellulose
6	1 241	amide
7	1 160～1 166	C-O-C vibration in cellulose and hemicellulose
8	897～898	C-H deformation in cellulose
9	3 100～3 600	O-H，N-H
10	3 700	N-H

　　人造板废弃物烘焙固体产物的 XPS 分析结果如图 3-6 与表 3-6 中所示。可以看出，烘焙固体产物中含氮化合物结构包括氨基类与吡啶类（Yu et al.，2013；Leppalahti et al.，1991），以氨基类为主，占 85.9％～99.2％。当烘焙温度从 245℃提高至 305℃时，氨基类比例有所下降；而吡啶类含量有明显的增大，从 3.3％增大至 14.1％。结合图 3-5 中烘焙固体产物的 FTIR 分析结果可以推测，烘焙使人造板废弃物中部分氨基发生缩聚反应生成吡啶类物质存留于烘焙固体产物中，且随着烘焙温度的提高，转化为吡啶类的比例增大。

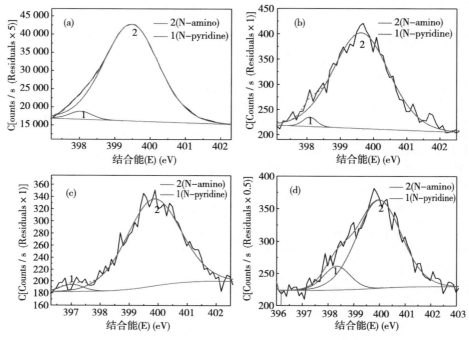

图 3-6　不同烘焙温度下烘焙固体产物 XPS 图谱

1. 吡啶氮（N-amino）　　2. 氨基氮（N-pyridine）

（a）245℃，10.7min　（b）265℃，10.7min　（c）285℃，10.7min　（d）305℃，10.7min

表 3-6　烘焙温度对烘焙固体产物含氮化合物分布的影响

温度（℃）	停留时间（min）	吡啶氮	氨基氮
		A_i/A_t（%）	
245	10.7	3.3	96.7
265	10.7	2.4	97.6
285	10.7	3.4	96.6
305	10.7	14.1	85.9

注：A_i 单个峰的峰面积；A_t 总峰面积。

2. 停留时间对人造板废弃物烘焙过程中氮迁移转化的影响

图 3-7 为不同停留时间下，烘焙气体、液体、固体产物中氮元素的分布比例。随着停留时间的延长，固体产物含氮占总氮的比例明显下降，从 5.4min 时的 63.7% 降低至 22.5min 时的 47.0%，而液体、气体产物中含氮占总氮比例均有所增加，分别从 26.8% 与 9.5% 增大至 39.6% 与 13.5%。这表

明，延长停留时间会促使更多的氮分布于液体、气体产物中。

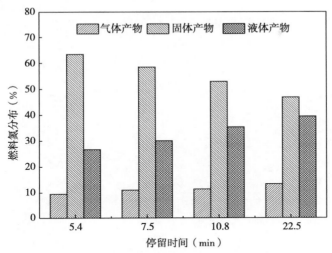

图 3-7　停留时间对烘焙产物氮分布的影响（温度 285℃）

不同停留时间对烘焙液体产物含氮化合物成分的影响见表 3-7。随着停留时间的延长，吡啶类与氨基类化合物总量逐渐减少，其他类含氮化合物（咪唑类、吡唑类和吡咯类等）的总量逐渐增加。当停留时间为 7.5min 时，吡啶类与氨基类化合物总量达到 83.7% 以上；当停留时间为 22.5min 时，吡啶类与氨基类化合物总量减少至为 52.1%。这表明，随着停留时间的延长，吡啶类与氨基类化合物逐渐向其他类型的含氮化合物转化。

表 3-7　停留时间对烘焙液体产物含氮化合物成分的影响（温度 285℃）

含氮化合物总和	相对峰面积（%）		
	7.5min	10.7min	22.5min
1H-Imidazole，1-methyl-	3.42	2.3	2.65
1H-Imidazole，4-methyl-			
1H-Imidazole，1，5-dimethyl-		2.3	
1H-Imidazole-4-ethanamine，1-methyl-			1.19
1-Methylimidazole-4-carboxaldehyde		1.21	
2-Isopropylimidazole			
Imidazole-4-acetic acid			0.41
嘧啶氮总和	3.42	5.81	4.25
3H-Pyrazol-3-one，2，4-dihydro-5-methyl-		1.94	

（续）

含氮化合物总和	相对峰面积（%）		
	7.5min	10.7min	22.5min
3，4，5－Trimethylpyrazole	2.12		2.85
1H－Pyrazole，3－methyl－			1.07
Ethanone，1－（1H－pyrazol－4－yl）－	2.22	1.67	
Pyrazole－4－carboxaldehyde，1－methyl－			0.9
吡唑氮总和	4.34	3.61	4.82
Pyrrole	4.94	1.68	7.63
1H－Pyrrole，1－methyl－			2.29
1H－Pyrrole，2，5－dimethyl－			1.31
3－Butyl－2－methyl－1－pyrrolin－4－one			
2－Pyrrolidinone			0.42
2－Pyrrolidinone，1－methyl－			0.41
1H－Pyrrole－2－carboxaldehyde，1－methyl－		0.84	0.63
2，5－Pyrrolidinedione，1－methyl－			0.71
Pyrrolidine，1－（1－butenyl）－			0.35
吡咯氮总和	4.94	2.52	13.75
2（1H）－Pyridinone，1－methyl－	4.41		
2（1H）－Pyridone，6－methyl－		3.1	2.98
3－Pyridinol	38.85	27.01	18.14
3－Pyridinol，6－methyl－	2.47		
3－Pyridinol－1－oxide		1.62	0.75
4（1H）－Pyridinone，2，3－dihydro－1－methyl－			
Pyridine	2.77		1.95
Pyridine，2－methyl－			0.41
Pyridine，3－methoxy－	4.14	3.06	4.81
Pyridine，3－methyl－			0.75
Pyridine，3－pyrrol－2－yl－			0.46
Pyrimidine，4－methyl－	2.71	0.92	0.97
吡啶氮总和	55.35	35.71	31.22
Pyrazine			1.05
Pyrazine，methyl－	3.68	1.14	

（续）

含氮化合物总和	相对峰面积（%）		
	7.5min	10.7min	22.5min
Pyrazine，2 – methyl – 5 – （1 – propenyl） –，（E） –			
Pyrazine，2，6 – dimethyl –			0.58
Pyrazine，2 – ethyl – 3，5 – dimethyl –			0.4
Pyrazine，2 – ethyl – 5 – methyl –			0.34
Pyrazine，2 – ethyl – 6 – methyl –			0.72
Pyrazine，methyl –			1.6
吡嗪氮总和	3.68	1.14	4.69
Urea，N，N – dimethyl –		0.87	0.77
Acetamide	16.68	10.96	8.51
Acetamide，N – methyl –	2.06	1.65	1.69
Carbamic acid，methyl ester	2.08		0.73
Ethanamine，N – cyclohexylidene –			0.47
Formamide		2.71	2.75
Formamide，N，N – dimethyl –		2.77	2.35
Formamide，N – methyl –	4.7	1.41	1.07
N，N – Dimethylacetamide	2.74	1.78	1.57
Phenol，3 – amino –			
Phenol，4 – amino – 3 – methyl –			0.47
Propanamide，2 – hydroxy – N – methyl –			0.54
氨基碳链氮总和	28.26	22.15	20.92
1，3 – Benzenediamine，4 – methoxy –			
1，3 – Propanediamine，N – methyl –		3.96	5.94
2 – Benzyloxyethylamine			
3 – Amino – 5 – pyrazolol			
3 – Aminopyridine			
5 – （Acetylaminomethyl） – 4 – amino – 2 – methylpyrimidine		1.84	
6 – Aminoindoline			1.75
Benzeneacetamide，N – （aminocarbonyl） – 4 – hydroxy – 3 – methoxy			
Furazan – 3 – amine，4 – methoxy –			0.63
氨基杂环氮总和	0	5.8	8.32

（续）

含氮化合物总和	相对峰面积（%）		
	7.5min	10.7min	22.5min
1，2，4 - Triazine - 3，5（2H，4H）- dione			4.54
1H - 1，2，3 - Triazole，4 - methyl - 5 - (5 - methyl - 1H - pyrazol - 3 - yl) -			
Isoxazole，3，5 - dimethyl -			0.26
Succinimide		1.48	
其他	0	1.48	0.26

停留时间对烘焙气体产物中含氮组分的影响见表 3-8。从表 3-8 中可知，随着停留时间的延长，烘焙气体产物中 NH_3 浓度有所增大。这是由于更长的停留时间使人造板废弃物中更多的含氮黏合剂发生裂解反应，其中的氨基析出与氢自由基结合生成 NH_3。

表 3-8　停留时间对烘焙气体产物中含氮组分的影响

温度（℃）		285	285	285	285
停留时间（min）		5.4	7.5	10.7	22.5
含氮污染物	N_2（mg/m³）	2 859	3 225	2 896	2 800
	NH_3（mg/m³）	7 171	8 474	9 086	10 547
	HCN（mg/m³）	未测出	未测出	未测出	未测出
	NO_x（mg/m³）	未测出	未测出	未测出	未测出

图 3-8 与表 3-9 为不同停留时间下烘焙固体产物的 FTIR 结果。从中可知，代表半纤维素的 1 号峰（1 738～1 735 cm^{-1} 处）、代表氨基的 2 号峰（1 650 cm^{-1}）和 6 号峰（1 241 cm^{-1}）的峰强度均随着停留时间的延长逐渐减小。这表明随着停留时间的延长，原料中半纤维素的反应更剧烈，同时原料中的氨基更多地向其他含氮化合物转化。

表 3-9　不同停留时间下烘焙固体产物主要的官能团

序号	波数（cm⁻¹）	官能团
1	1 738～1 735	C＝O valence vibration of xylans（hemicellulose）
2	1 650	amide
3	1 540	amide

（续）

序号	波数（cm^{-1}）	官能团
4	1 511	aromatic skeletal vibration in lignin
5	1 375～1 378	C−H deformation in cellulose and hemicellulose
6	1 241	amide
7	1 160～1 166	C−O−C vibration in cellulose and hemicellulose
8	897～898	C−H deformation in cellulose
9	3 100～3 600	O−H，N−H
10	3 700	N−H

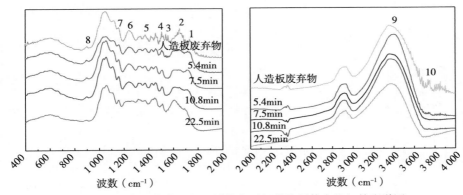

图 3-8　人造板废弃物与不同停留时间烘焙固体产物红外光谱图

从图 3-9 与表 3-10 中可知，随着停留时间的延长，固体产物中含氮化合物结构的变化与提高温度类似，氨基类含量降低，吡啶类呈现逐渐增大趋势。结合烘焙固体产物的 FTIR 分析结果可知，停留时间的延长使更多的氨基类化合物转化为吡啶类。

表 3-10　不同停留时间对烘焙固体产物含氮有机物分布的影响

温度（℃）	停留时间（min）	吡啶氮	氨基氮
		A_i/A_t（%）	
285	5.4	1.0	99.0
285	7.5	0.8	99.2
285	10.7	3.4	96.6
285	22.5	3.1	96.9

注：A_i 单个峰的峰面积；A_t 总峰面积。

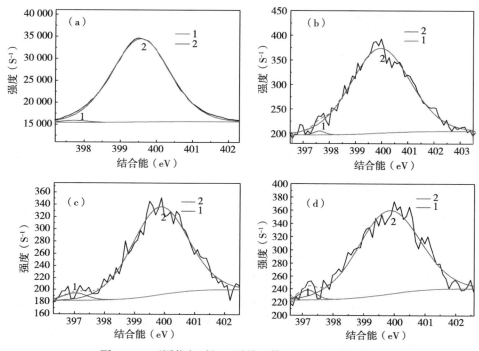

图 3 - 9 不同停留时间下烘焙固体产物 XPS 分析图谱
1. 吡啶氮 2. 氨基氮
(a) 285℃，5.4min (b) 285℃，7.5min (c) 285℃，10.7min (d) 285℃，22.5min

3. 人造板废弃物烘焙过程中氮迁移转化机理分析

根据前文中人造板废弃物烘焙产物中含氮成分的分析结果，推测可知人造板废弃物在烘焙过程燃料氮的迁移转化路径如图 3 - 10 所示。

人造板废弃物进入螺旋热解反应器反应区后，部分燃料氮残留在固体中，部分受热发生裂解反应。其中，裂解反应后的一部分含氮化合物会直接生成 NH_3，或与原料中碱金属发生催化反应生成 N_2（Tsubouchi et al.，2008），二者皆以气体形式存在。另一部分则与原料中半纤维素、短碳链（由半纤维素氢键断裂产生）和小分子杂环发生缩聚、取代等反应，生成氨基碳链、含氮杂环以及氨基杂环等，这些含氮化合物中轻质的（具有短碳链的小分子）部分最后冷凝存于液体产物，其余的重质组分（具有长碳链的大分子）则存于固体产物，与残存未反应的脲醛树脂等成为烘焙后固体产物的含氮化合物的主要成分。此外，固体、液体中的氨基碳链结构也可能会发生二次裂解反应生成 NH_3 或 N_2。根据上述分析可以推测，烘焙预处理后部分燃料氮以更加稳固的形式存在，将对之后的气流床气化实验产生影响，可能会使燃料氮较少的转化为气态。

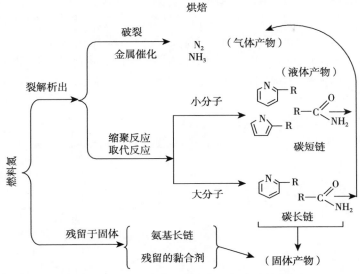

图 3-10 人造板废弃物烘焙燃料氮迁移转化机理

三、烘焙条件对烘焙固体产物气流床气化的影响

人造板废弃物直接用于气流床气化将产生较多的高氮污染物，而烘焙预处理脱除了人造板废弃物中一部分的氮元素，将烘焙后固体产物用于气流床气化，以研究烘焙预处理对烘焙固体产物气流床气化的影响。

1. 烘焙温度对烘焙固体产物气流床气化特性的影响

将不同烘焙温度下所得的烘焙固体产物在气流床进行气化实验。分析所得气体产物组分，结果如表 3-11 中所示。

表 3-11　烘焙温度对烘焙固体产物气流床气化产气组分的影响（停留时间 **10.7**）

原料	温度（℃）	CH_4（%）	C_2H_m（%）	CO_2（%）	CO（%）	H_2（%）	N_2（%）	H_2/CO
NWW		2.75	0.25	19.07	45.57	32.31	3.25	0.71
T-NWW	245	2.54	0.31	18.17	43.75	31.77	0.99	0.73
	265	2.29	0.31	17.67	44.42	32.55	0.47	0.73
	285	2.15	0.35	15.79	44.51	34.04	0.44	0.76
	305	2.10	0.30	17.52	43.02	34.10	0.65	0.79

注：NWW 为未烘焙人造板废弃物；气化温度 1 200℃；ER0.27。

从表 3-11 可知，与未烘焙原料气化对比，烘焙后气化产气中 CO_2 与 CO 的浓度均有所降低，而 H_2 浓度提高。这是由于烘焙除去了原料中的部分含氧物质，降低了烘焙固体产物的 O/C 值（赵辉，2009）。当烘焙温度从 245℃ 提高至 305℃ 时，气化产气中 CH_4 浓度从 2.54% 降低至 2.10%，H_2 浓度由 31.77% 提高至 34.10%。其中 H_2 浓度的提高是因为更高的烘焙温度使烘焙固体产物的 O/C 值进一步降低导致。随着烘焙温度提高，产气 H_2/CO 值有明显提高。

未烘焙高含氮废弃物气流床气化碳转化率为 92.1%、产气率为 1.07 m^3/kg，产气低位热值为 12.97MJ/m^3，不同烘焙温度条件下所得固体产物气化特性参数如图 3-11 所示。

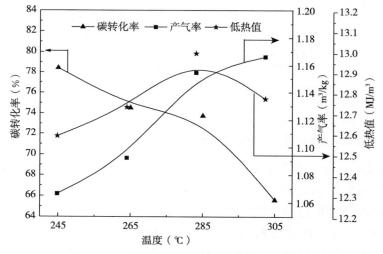

图 3-11　烘焙温度对烘焙固体产物气流床气化
特性参数的影响（停留时间 10.7）
（注：气化温度 1 200℃；ER0.27）

由图 3-11 中可知，相对于未烘焙气化，烘焙降低了气流床气化的碳转化率，提高了产气率。其中，碳转化率的降低可能是由于烘焙使原料中碳元素含量明显提高所导致，而产气率的提高可能是由于烘焙预处理改善了原料的空隙结构，提高了比表面积（陈青等，2010）。

此外，烘焙温度对气化特性参数有明显的影响。当温度由 245℃ 提高至 305℃ 时，碳转化率由 78.4% 降低至 65.6%，产气率由 1.07m^3/kg 提高至 1.17m^3/kg，产气低位热值出现增大的趋势。其中，碳转化率逐渐降低是由于随着烘焙温度的提高，原料中碳元素含量逐渐增大。低位热值的增大，是因为

产气中 H_2 浓度有所提高。

2. 烘焙温度对气化产物中含氮污染物分布特性的影响

分析气流床气化气体产气中的含氮污染物浓度，得到不同烘焙温度下烘焙固体产物气化产气中 NH_3、HCN、NO 与 NO_2 的浓度，如图 3-12 中所示。未烘焙原料气化产气中 NH_3 浓度为 708mg/m³、HCN 浓度为 950 mg/m³、NO 和 NO_2 浓度分别为 75 mg/m³ 和 71 mg/m³。

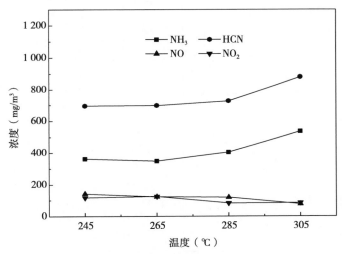

图 3-12　烘焙温度对烘焙固体产物气流床气化产气
含氮污染物浓度的影响（停留时间 10.7）
（注：气化温度 1 200℃；ER 0.27）

从图 3-12 可以看出，烘焙之后的原料与未烘焙的原料相比，其气化产气中含氮污染物的浓度有明显的变化。NH_3 与 HCN 的浓度均有不同幅度的下降。NH_3 的浓度降低幅度最大，由 708mg/m³ 降低至 348mg/m³，HCN 浓度则降低了 27%。这主要是由于烘焙预处理提前脱除了原料中部分的氮元素。与此相反，烘焙后气化产气中 NO 和 NO_2 浓度略有增大，这是因为产气中 NH_3 浓度的减小使 NH_3 与 NO_x 之间的反应（$NO_x + NH_3 \rightarrow N_2 + H_2O$）（陈颖等，2010）强度减弱。此外，随着烘焙温度的增加，NH_3 浓度呈现逐渐增大的趋势，由 362mg/m³ 增加至 536mg/m³。HCN 浓度逐渐提高，从 694mg/m³ 提高至 880mg/m³。这可能是由于较高的烘焙温度会使烘焙固体产物中氮含量有所提高（表 3-1 中烘焙固体产物氮含量）。以上结果表明，烘焙预处理能够明显地减少人造板废弃物气化产气中 NH_3 与 HCN 的浓度，但是较高的烘焙温度不会使产气含氮污染浓度进一步降低。

气化固体残渣 XPS 分析结果如图 3-13 与表 3-12。从中可知，人造板废弃物气化固体残渣中含氮化合物为吡咯类与吡啶类（Tian et al.，2013；Li et al.，2000），其中以吡咯类为主，占总氮的 78.2%。根据文献（柏继松，

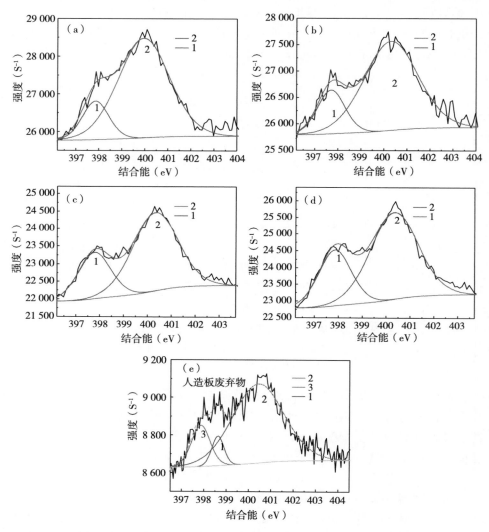

图 3-13 不同烘焙温度下烘焙固体产物气化固体残渣 XPS 图谱

1. 吡啶氮 2. 吡咯氮 3. 氰氮

（a）245℃，10.7min （b）265℃，10.7min

（c）285℃，10.7min （d）305℃，10.7min （e）NWW

（注：气化温度 1 200℃；ER 0.27）

2012；Darvell et al.，2012）中对生物质模化物热解残渣的 XPS 分析结果表明，其中含氮化合物以吡咯类与吡啶类为主，与本章中气化固体残渣分析结果类似。这表明，虽然人造板废弃物与常规生物质中含氮化合物成分不同，但是在高温作用下均会生成含氮环状结构。陈世华等（2013）研究结果表明，人造板废弃物与木粉热解焦中含氮化合物均为吡咯类与吡啶类，但人造板废弃物热解焦中吡咯类与吡啶类的含量显著高于木粉，这是由于其具有较高的含氮量。

此外，与未烘焙原料的气化固体残渣对比，烘焙后固体产物气化固体残渣中吡啶类的含量有所增大。当烘焙温度从 245℃提高至 305℃时，吡咯类从 83.2%降低至 69.5%，而吡啶类从 16.8%提高至 30.5%。这可能与吡咯类氮与吡啶类氮的结构稳定性有关，根据文献（刘海明等，2004），吡啶类氮更加稳定，随着烘焙温度的提高，使烘焙固体产物中含氮化合物向更稳定的结构转化，进而导致其气化固体残渣中含氮化合物中吡啶类含量提高。

表 3-12　烘焙温度对烘焙固体产物气化固体残含
氮化合物分布的影响（停留时间 10.7）

原料	温度（℃）	相对峰面积（%）		
		吡咯氮	吡啶氮	氰氮
NWW		78.2	14.8	7.0
T-NWW	245	83.2	16.8	
	265	79.9	20.1	
	285	70.1	29.9	
	305	69.5	30.5	

注：NWW 为未烘焙人造板废弃物；气化温度 1 200℃；ER0.27。

3. 烘焙停留时间对烘焙固体产物气化特性的影响

不同烘焙停留时间条件下进行烘焙试验，将所得固体产物进行气流床气化实验，产出气体组分结果如表 3-13 中所示。

表 3-13　烘焙停留时间对烘焙固体产物气化产气组分的影响（温度 285℃）

原料	停留时间（min）	CH_4（%）	C_2H_m（%）	CO_2（%）	CO（%）	H_2（%）	N_2（%）	H_2/CO
NWW		2.75	0.25	19.07	45.57	32.31	3.25	0.71
T-NWW	5.4	1.94	0.28	15.05	45.55	34.07	0.58	0.75
	7.5	2.03	0.34	17.06	45.03	34.01	0.59	0.76
	10.7	2.15	0.35	15.79	44.51	34.04	0.48	0.76

（续）

原料	停留时间 （min）	CH_4 （%）	C_2H_m （%）	CO_2 （%）	CO （%）	H_2 （%）	N_2 （%）	H_2/CO
T-NWW	22.5	2.28	0.38	16.13	43.29	34.95	0.36	0.81

注：NWW 为未烘焙人造板废弃物；气化温度 1 200℃；ER0.27。

从表 3-13 中可以看出，随着烘焙停留时间的延长，H_2、CH_4 浓度有所提高，CO 浓度下降。当烘焙停留时间从 5.4min 增加至 22.5min 时，CH_4 浓度由 1.94% 提高至 2.28%，H_2/CO 值从 0.71 增大至 0.81，这些与文献（陈青等，2010）结果类似。其中，H_2/CO 值的提高主要是因为随着烘焙停留时间的延长，烘焙固体产物中 O/C 值逐渐降低所导致。CH_4 浓度的提高可能是由于随着烘焙时间的延长，含氮黏合剂（脲醛树脂等）中的亚甲基更多地存留于原料中，最终在气化反应过程中脱出生成 CH_4。

根据不同烘焙停留时间下产气组分浓度，可计算得出碳转化率、产气率、低位热值，结果如图 3-14 所示。

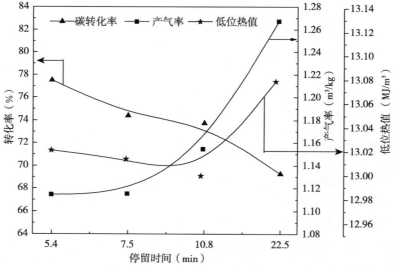

图 3-14　烘焙停留时间对烘焙固体产物气化特性参数的影响（温度 285℃）
（注：气化温度 1 200℃；ER0.27）

由图 3-14 可知，当烘焙停留时间从 5.4min 延长至 22.5min 时，碳转化率从 77.5% 降低至 69.2%，产气率从 1.11m³/kg 提高至 1.27 m³/kg，而低位热值呈现增大趋势。碳转化率的降低可能是由气化反应输入的碳元素总量有所增大导致。低位热值的增大主要是由于产气中 CH_4 与 H_2 浓度有所提高。

4. 烘焙停留时间对气化产物中含氮污染物分布的影响

分析不同烘焙停留时间下烘焙产物在气流床气化气体产物中的含氮污染物，得到烘焙固体产物气化产气中 NH_3、HCN、NO 与 NO_2 的浓度如图 3-15 中所示。

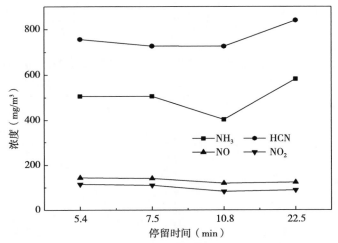

图 3-15　烘焙停留时间对烘焙固体产物气化产气
含氮污染物浓度的影响（温度 285℃）

（注：气化温度 1 200℃；ER0.27）

从图 3-15 中可知，随着烘焙停留时间的延长，NH_3 与 HCN 浓度均呈现先减小、后增大的趋势，其中 NH_3 浓度先由 $506mg/m^3$ 降低至 $403mg/m^3$，再提高至 $582\ mg/m^3$，而 HCN 浓度则在 10.7min 时降低为 $726\ mg/m^3$。NH_3 与 HCN 浓度的变化，可能是由于随着烘焙停留时间的延长，烘焙固体产物的含氮量也呈现先降低、后增大的趋势（表 3-14）。产气中 NO 与 NO_2 的浓度在烘焙停留时间达到 10.7min 时略有下降，这可能与产气 NH_3 浓度的提高有关，使 NH_3 与 NO_x 之间反应加强。综合本章第一节中实验结果可知，不同烘焙条件下气化产气中含氮污染物浓度均低于未烘焙气化，但在较高的烘焙温度与较长的烘焙停留时间条件下，气化产气中 NH_3 与 HCN 浓度有所提高。

不同停留时间下，烘焙固体产物气化固体残渣 XPS 分析结果如图 3-16 与表 3-14。从图 3-16 与表 3-14 中可知，随着烘焙停留时间的延长，气化固体残渣中吡啶类氮与吡咯类氮的比例有所变化，吡啶类氮比例从 5.4min 的 18.5％提高至 22.5min 的 32.0％，而吡咯类氮则迅速降低。

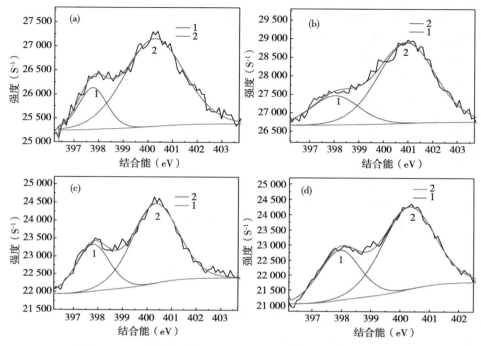

图 3-16　不同烘焙停留时间下气化固体残渣 XPS（N1s）图谱

1. 吡啶氮　2. 吡咯氮

（a）285℃，5.4min　（b）285℃，7.5min　（c）285℃，10.8min　（d）285℃，22.5min

（注：气化温度 1 200℃；ER0.27）

表 3-14　不同烘焙停留时间下气化固体残渣 XPS 分析结果

停留时间（min）	相对峰面积（%）	
	吡咯氮	吡啶氮
5.4	81.5	18.5
7.5	76.7	23.3
10.7	70.1	29.9
22.5	68.0	32.0

注：气化温度 1 200℃；ER0.27。

根据文献（Li et al., 2000；Yuan et al., 2010；Zhou et al., 2000；Michael et al., 2007）中认为，常规生物质气化中 NH_3 来自于蛋白质的分解，HCN 则在氨基酸向含氮杂环类转化过程中生成，而从第二章实验结果可以看出，高含氮废弃物的气化产气中 NH_3 与 HCN 浓度明显高于常规生物质气化，表明其反应机理与常规生物质不同，这与原料中的含氮黏合剂有关。陈世华等（2013）的实验结果表明，人造板废弃物中含氮官能团主要以伯胺形式存在，并认为其来自含氮黏合剂，再根据本书可以推测，人造板废弃物气化过程中原料中含氮化合物将由热稳定性较差的胺类向稳定性较好吡啶类、吡咯类转化，其过程中胺类分解产生 NH_3，杂环聚合过程中生成 HCN，其后二者氧化/催化生成 N_2 与 NO_x（Zhou et al.，2000；Michael et al.，2007）。此外，表 3-6 中结果表明，烘焙预处理会改变原料中含氮化合物结构分布，人造板废弃物热解后固体产物中胺类的量减少，出现吡啶类与吡咯类，据此可以推测烘焙会使胺类结构发生裂解、缩聚等反应，部分以气体、液体产物形式被脱除，部分则以更加稳固的杂环结构存于固体产物之中，导致原料含氮量降低且含氮化合物在气化时难于分解脱出，使 NH_3 与 HCN 浓度降低，因此烘焙预处理是一种降低人造板废弃物气流床气化产气污染物浓度的有效方法。但是，烘焙预处理在降低污染物浓度的同时，会导致碳转化率和冷煤气效率的降低，所以若采用烘焙手段来处理人造板废弃物，则应适当提高气化温度或氧浓度等参数，以保持较高的冷煤气效率。

第四节　本章小结

（1）提高烘焙温度与延长停留时间降低了固体产物产率与能量产率，烘焙固体产率为 64.0%～92.8%、能量产率为 76.6～93.5%。烘焙后固体产物 O/C 值有所降低，低位热值提高。燃料氮主要存在于烘焙固体产物中，占总氮的 51.1%～74.2%，且随着温度的提高与停留时间的延长，比例下降，其主要结构为氨基类与吡啶类。液体产物中含氮化合物为含氮杂环化合物、氨基化合物以及含氮杂环氨基混合型化合物。燃料氮在气体产物中以 N_2 与 NH_3 的形式存在。

（2）烘焙降低了人造板废弃物气化的碳转化率，提高了产气 H_2/CO 值和产气率。随着烘焙温度的升高与烘焙停留时间的延长，碳转化率呈现降低趋势，产气率、低位热值和 H_2/CO 值均逐渐提高。烘焙明显减少了人造板废弃物气化产气中 NH_3 与 HCN 的浓度，其中 NH_3 浓度降低至 $348mg/m^3$，HCN 浓度则降低了 27%。当烘焙温度较高和烘焙停留时间较长时，NH_3 与 HCN 浓度有所上升，但仍然小于未烘焙气化。

第四章 熔融盐对人造板废弃物气流床气化产气调质与污染物脱除研究

第一节 引言

相对于热解利用，人造板废弃物若用于气化产合成气则应用范围更加广泛，可应用于制备代用天然气和合成液体燃料以及化学品（李海滨等，2012；吴创之等，2003；王建楠等，2010；郑昀等，2010）。但是，高含氮废弃物气化产气中含有较高浓度的含氮污染物，主要有 NH_3、HCN 和 NO_x。此外，气体产物中还有一定量的含硫污染物（H_2S、SO_2）、含氯污染物（HCl），这些气化污染物若直接排放会造成环境污染，因此必须对其气化气体产物进行净化处理。

熔融盐是指碱金属的盐或碱的混合物，在高温下为熔融的液体。熔融盐可以对合成气 H_2/CO 值进行调整，还能够脱除粗合成气中污染物，将合成气净化与调质一步完成，简化了气化后续工艺。Raharjo 等（2010）进行了熔融盐脱除 H_2S 和 COS 的试验，结果表明 $Na_2CO_3-K_2CO_3$ 混和熔融盐能够彻底地脱除含硫污染物。王小波等（2012）进行了模拟合成气的熔融盐调质试验，发现在 $300\sim500℃$、常压条件下即可实现粗合成气的净化调质。但是，将熔融盐净化技术应用于高含氮废弃物气化产气污染物的脱除的研究很少。本书在气流床气化和熔融盐净化装置上，探讨了不同熔融盐温度（T）、静液高度（H）（即熔融盐为通入气体时液面高度）对高含氮废弃物气流床气化产气调质与污染物脱除特性的影响，为高含氮废弃物的低污染、资源化利用提供理论依据。

第二节 实验部分

一、试验原料

本书使用的高含氮废弃物（NWW）成分特性如第二章表 2-1 所示。
根据试验结果（王小波等，2012；李小明等，2014），含氢氧根的碱性熔融盐适用于合成气调质，这类熔融盐常用的有 NN 盐（成分为 8.3%Na$_2$CO$_3$＋91.7%NaOH）、KK 盐（成分为 9.3%K$_2$CO$_3$＋90.7%KOH），这两类熔融盐均为强氧化性熔融盐。根据调质实验的温度要求，本实验采用熔点相对较低的 NN 熔融盐。进气流量为 2L/min 左右、熔融盐量在 400～600g，通过控制熔融盐添加量调整静液高度，使用电加热装置来控制实验温度。

二、试验装置

本试验使用的生物质气流床气化和熔融盐净化装置如图 4-1 所示。其中，气流床气化装置详细参数如第二章所示。气流床气化产气经布袋除尘器在保温除尘后接入熔融盐净化调质装置。

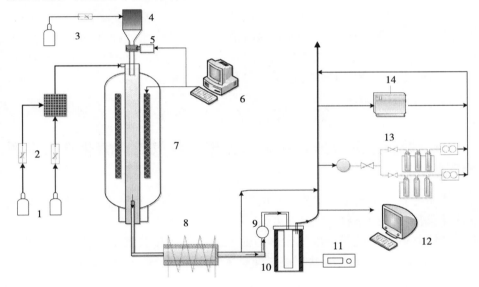

图 4-1　生物质气流床装置流程图.
1. 氧气、氩气钢瓶　2. 质量流量计　3. 氩气钢瓶　4. 料仓　5. 调频电机
6. 控制电脑　7. 气化反应器　8. 布袋除尘器　9. 气体流量计
10. 熔融盐反应器　11. 熔融盐温控装置　12. 气相色谱仪　13. 气体吸收瓶　14. 烟气分析仪

熔融盐净化装置主要包括：流量计、温控装置和固定床反应器。转子流量计在装置前端，用来控制进入的气体流量。可控温度在 300～600℃ 之间；熔融盐反应器的材料为 316L 不锈钢（φ70mm×400mm）；插入熔融盐液面以下的反应管内径为 30mm，反应管出口挡板距反应器底部 12mm。熔融盐净化前后的气体均需采样分析主要组分以及污染物浓度。气流床气化温度为 1 210℃，当量比为 0.27，使用 30%O$_2$＋70%Ar 混合气为气化剂。

三、实验产物分析

本实验的气体样品使用 Agilent 7 890A 气相色谱仪分析，详细参数见第二章中所示。分析气体包括：CO、CO_2、H_2、CH_4 等。

产出气体中 H_2S、SO_2、HCl 的浓度使用吸收法测定，吸收液为 10%H_2O_2＋0.1mol/LNaOH（其主要有效反应为：$H_2S + H_2O_2 \rightarrow SO_4^{2-} + H_2O$、$SO_2 + H_2O_2 \rightarrow SO_4^{2-} + H_2O$、$NaOH + HCl \rightarrow NaCl + H_2O$），并采用 Metrohm883 型离子色谱测定吸收液体 SO_4^{2-} 与 Cl^- 的浓度，进而计算出气体中 $H_2S + SO_2$ 与 HCl 的浓度。离子色谱使用 Supp4 型柱，淋洗液为 3.2mmol/L Na_2CO_3＋1mmol/L $NaHCO_3$。

含氮污染物主要检测 NH_3、HCN、NO 与 NO_2。根据文献（王磊，2010；吴远波，2007；宋国良等，2008；徐明艳等，2007），按照标准 HJ 533－2009 与 HJ 484－2009 中方法测量 NH_3 与 HCN。NO 与 NO_2 使用 Testo350XL 型烟气分析仪进行检测。详细方法见第二章中所示。

第三节　结果与分析

一、熔融盐反应条件对人造板废弃物气流床气化产气调质的影响

本节考察了不同温度、静液高度等条件对含氮污染物气流床气化产气熔融盐净化调质特性的影响。试验温度为 370、430、500、580℃，静液高度为 54、67.5 和 81mm。气流床产出气体（即通入熔融盐净化装置前气体）组分浓度如表 4－1 所示。不同熔融盐反应条件对气流床气化产气组分的影响如图 4－2、图 4－3 所示。

表 4－1　气流床产气组分浓度

成分	CH_4	CO_2	CO	H_2	Ar
浓度（%）	1.8	9.3	30.6	24.7	30.7

从表 4－1、图 4－2 和图 4－3 可知，经过熔融盐净化后，合成气组分发生了明显的变化，CO_2 与 CO 浓度急剧减少，H_2 浓度明显上升，CH_4 则几乎无明显变化。这主要是因为合成气通入熔融盐后，反应式（4.1）、（4.2）发生，CO_2 被 NaOH 吸收，CO 被持续消耗并产生 H_2 所导致。

$$NaOH + CO_2 \rightarrow Na_2CO_3 + H_2O, \Delta H < 0 \quad \cdots\cdots (4.1)$$

$$H_2O + CO \leftrightarrow CO_2 + H_2, \Delta H < 0 \cdots\cdots\cdots\cdots (4.2)$$

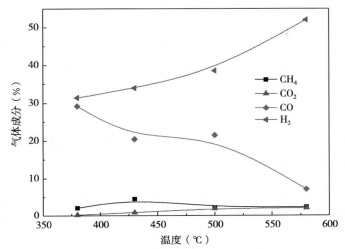

图 4-2　不同熔融盐温度对产气主要组分浓度的影响（H67.5mm）

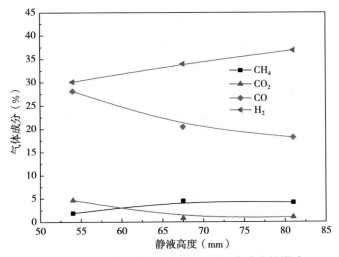

图 4-3　不同静液高度对产气主要组分浓度的影响

由图 4-2 中可以看出，随着熔融盐温度的逐渐提高，气体各组分浓度均有所变化，其中 CO 与 H_2 的浓度变化最为明显。当反应温度由 380℃提高至 580℃时，CO 浓度由 29.2%迅速降低至 7.1%，而 H_2 浓度由 31.4%增大至 52.0%。这主要是由于反应温度越高，化学反应速率越高，提高熔融盐温度会提高反应式（4.1）、（4.2）的反应速率（李小明等，2014）。H_2/CO 值由未调质前的 0.8 提高至 7.3，表明熔融盐净化调质装置对气流床产气调质效果较好。

从图 4-3 中可以看出，静液高度对产气组分有明显的影响。当静液高度由 54mm 提高至 81mm 时，CO 浓度由 28.1% 下降至 18.2%，H_2 浓度提高了 6.7%，CO_2 浓度呈现下降趋势。这是由于当静液高度增大时，反应式（4.1）与反应式（4.2）反应时间更长，进而导致更多的 CO_2 与 CO 被消耗，更多的 H_2 产出。

二、熔融盐反应条件对人造板废弃物气流床气化产气污染物脱除效果的影响

从表 4-2 中可以看出，熔融盐对气流床产气的 H_2S、SO_2 和 HCl 脱除效果较好。在静液高度为 67.4mm，当温度达到 430℃ 以上时，出口气体中 H_2S、SO_2 和 HCl 浓度已经低于仪器检出下限（0.1×10^{-6}），表明出口气体中 H_2S、SO_2 和 HCl 已被脱除。此外，温度为 430℃，在不同静液高度的条件下，产出气体中 H_2S、SO_2 和 HCl 均已被完全消耗。说明温度为 430℃ 时，较低静液高度下熔融盐可完全脱除气流床产气中的 H_2S、SO_2 和 HCl。这是因为气流床产出气体中 H_2S、SO_2 和 HCl 与熔融盐迅速反应所导致，化学反应主要有反应式（4.3）至反应式（4.6）。

表 4-2　反应条件对产气中污染物脱除效果影响

	HCl （mg/m³）	含硫污染物 （mg/m³）	NH₃ （mg/m³）	HCN （mg/m³）	NO （mg/m³）	NO₂ （mg/m³）
去除前	68	111	790	972	110	109
$T=380℃$，$H=67.5mm$	7.8	ND	150	ND	ND	ND
$T=430℃$，$H=67.5mm$	ND	ND	100	ND	ND	ND
$T=500℃$，$H=67.5mm$	ND	ND	50	ND	ND	ND
$T=580℃$，$H=67.5mm$	ND	ND	30	ND	ND	ND
$T=430℃$，$H=54.0mm$	ND	ND	145	ND	ND	ND
$T=430℃$，$H=67.5mm$	ND	ND	100	ND	ND	ND
$T=430℃$，$H=81.0mm$	ND	ND	40	ND	ND	ND

注：ND 为未检测出。

$$H_2S + NaOH + CO_2 \xrightarrow{\text{高温熔融}} Na_2SO_4 + Na_2CO_3 + H_2, \Delta H < 0$$

$$(4.3)$$

$$NaOH + SO_2 \xrightarrow{\text{高温熔融}} Na_2SO_4 + H_2, \Delta H < 0 \qquad (4.4)$$

$$NaOH + SO_2 \rightarrow NaHSO_3, \Delta H < 0 \qquad (4.5)$$

$$NaOH + HCl \rightarrow NaCl + H_2O, \Delta H < 0 \qquad (4.6)$$

从表 4-2 中还可以看出，熔融盐净化对产气中含氮污染物的脱除效果明显，合成气中含氮污染物浓度降低。在温度 380℃、静液高度 54.0mm 的情况下，HCN、NO 和 NO_2 已低于检测下限，表明熔融盐可以完全脱除产气中 HCN、NO 和 NO_2 之类的含氮酸性气体，其主要化学反应包括反应式（4.7）至式（4.9），最终生成 NaCN 与 $NaNO_3$ 存于熔融盐中。此外，还可以看出，熔融盐净化显著地降低了产气中 NH_3 的浓度，在温度 380℃、静液高度 67.5mm 条件下，NH_3 浓度由 792 mg/m^3 降低为 150mg/m^3，并且当熔融盐温度达到 580℃时，NH_3 浓度降低至 30mg/m^3。随着静液高度的增大，NH_3 浓度呈现下降趋势，当静液高度达到 81mm 时，NH_3 浓度仅为 40 mg/m^3。这可能是由于高温熔融盐中存在碱金属离子，在此情况下，NH_3 被催化分解（孙志向，2014；Michael et al.，2007；Zhou et al.，2000），发生反应见式（4.10），然后随气体排出，因此熔融盐可以有效脱除产气中的 NH_3。此外，反应见式（4.10）为吸热反应，提高温度促进反应向正向进行，同时静液高度的增大延长了反应时间，导致提高温度与静液高度均可以降低产气中 NH_3 的浓度。

$$HCN + NaOH \rightarrow NaCN + H_2O, \Delta H < 0 \qquad (4.7)$$

$$NO + NaOH + H_2O \xrightarrow{\text{高温熔融}} NaNO_3 + H_2, \Delta H < 0 \qquad (4.8)$$

$$NO_2 + NaOH \xrightarrow{\text{高温熔融}} NaNO_3 + H_2, \Delta H < 0 \qquad (4.9)$$

$$NH_3 \rightarrow N_2 + H_2, \Delta H < 0 \qquad (4.10)$$

第四节　本章小结

熔融盐对含氮废弃物气流床气化产出合成气的调质效果较好。CO 与 CO_2 浓度随熔融盐温度上升而降低，H_2 浓度随温度提高迅速地增大，在 380～580℃时产出气体 H_2/CO 值可调范围为 0.8～7.3。提高静液高度降低了气体中 CO 与 CO_2 浓度，提高了 H_2 的浓度。合成气经熔融盐净化后，出口气体中污染物含量明显下降。污染物脱除效果较好，当熔融盐温度达到 430℃以上时，出口气体中已无 H_2S、SO_2 和 HCl，同时含氮污染物中 HCN、NO 与 NO_2 已经完全脱除，而 NH_3 则脱除了 81%～96%。

第五章 人造板废弃物气流床加压气化实验研究

第一节 引言

相对于常压气化，加压气化具有产气热值高、处理量大等优点，能够有效地提高反应器利用效率，减少反应器体积，有利于气化技术的工业化应用（岳金方等，2006；Padban et al.，2000）。现行的气化技术基本都是在常压气化研究的基础上，进行了加压气化的研究，以利于技术的工业化应用。关于煤的加压气化，已经有了广泛的研究（景妮洁，2013；房倚天等，2007；彭万旺等，1998；Lu et al.，2015；Reichel et al.，2015；Liu et al.，2015），而有关生物质的加压气化的研究相对较少。Fredrik 等（2013）在气流床装置上进行了加压气化实验，研究木粉在加压条件下的气化特性。肖军等（2009）在加压热重上进行了秸秆类生物质的加压气化实验，结果表明压力的增加对水蒸气气化有促进作用。

本章首先进行人造板废弃物与烘焙后固体产物的气流床加压（0.1～0.5MPa）气化试验，研究压力对气化产气组分、气化特性参数以及燃料氮分布的影响。由于气流床装置可操作压力较低，因此在高压热重上进行更高压力范围的（0～0.9MPa）生物质的加压热解和加压气化试验，研究压力对生物质加压热解和气化特性的影响，为更高压力下原料热解和气化机理的探讨与更高压力的气流床装置设计提供基础研究。

第二节 实验部分

一、试验原料

人造板废弃物（NWW）与松木粉（PSD）特性分析如第二章所示。此外，使用第三章中螺旋热解反应器在245℃、10.7min 条件下将人造板废弃物进行烘焙处理。烘焙固体产物（T-NWW）的原料特性分析如表5-1所示。

表 5 - 1　原料特性

	工业分析（w_d/%)			元素分析（w_d/%)				低位热值（MJ/kg）
	V_d	FC_d	A_d	C_d	H_d	N_d	S_d	$Q_{net,d}$
烘焙固体产物 T - NWW	76.8	21.4	1.8	47.46	5.99	3.63	0.04	18.14

二、试验装置

生物质加压气流床气化实验所使用装置如第二章中所示。实验进料量为 2～2.3kg/h、气化温度为 1 200℃、当量比约为 0.27、氧浓度约为 30%、气化压力为 0.1～0.5MPa。

使用德国耐驰公司 STA409PC 型热重分析仪（天平灵敏度 2μg，温度精确度＜1℃）进行人造板废弃物与松木粉热解和气化的对比实验，坩埚材质为 Al_2O_3。升温速率设定为 10℃/min，由室温升至 1 200℃，样品重量均约为 27mg，使用 Ar 气氛（40mL/min）进行热解实验，Ar（35mL/min）＋O_2（5mL/min）混合气氛进行气化实验。

由于气流床气化装置可运行压力较低，因此使用 Linseis 公司 D - 75223 型高温高压热重进行更高压力下的热解与气化实验研究。该热重装置如图 5 - 1 所示，该仪器测量精度为 1μg，温度范围为 30～1 600℃，压力范围为 0～2MPa。使用松木粉在热重装置上进行加压热解和 CO_2 气化实验。热解试验气氛为99.99% 的高纯氮气，氮气流量为 88 L/h。CO_2 气化试验气氛为高纯氮气与CO_2 混合气，其中 N_2 流量为 88 L/h，CO_2 流量为 6.11 L/h。试验进行时使

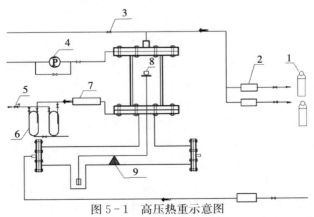

图 5 - 1　高压热重示意图

1. 钢瓶　2. 质量流量计　3. 压力安全阀　4. 抽气泵　5. 压力控制阀
6. 液体冷凝瓶　7. 气体冷却器　8. 坩埚　9. 热差天平

用质量流量计控制其流量，使用背压阀控制仪器内压力，2 种气氛下反应压力（表压）为：0、0.3、0.6、0.9 MPa。不同条件下升温速率均为 10℃/min，反应温度从室温升至 1 400℃。

三、试验产物分析

1. 气体产物分析

收集的气体样品使用安捷伦 7 890A 气相色谱分析其主要成分，详细方法见第二章。主要分析气体有：CO、CO_2、CH_4、H_2、O_2、N_2、C_nH_m。

NH_3 与 HCN 的分析测量分别使用标准 HJ 533—2009 和 HJ 484—2009 中的方法，NO 与 NO_2 浓度使用德图 350XL 型烟气分析仪测量，详细如第二章中所示。

2. 固体产物分析

固体产物使用 Vario EL cube 元素分析仪分析其元素组成，按照国标 GB/T 28731—2012 分析其工业组成，使用 X 射线光电子能谱仪（X‑ray photoelectron spectroscopy，XPS）分析其近表面含氮结构（N1s），详细方法如第二章。

四、试验数据分析

1. 气流床气化数据计算

气流床气化实验中产气流量（Q）、碳转化率（X）、产气率（Gas yield）和低位热值（LHV）按照第二章中方法计算。

2. 热重热解与气化特性参数的定义

高压热重实验中相关参数定义如下：初析温度（T_s），即挥发分初始析出时的温度。失重（η），即任意时刻百分比失重量。最大失重速率（$(d\eta/dT)_{max}$），即失重速率的最大值，即为 DTG 曲线的峰值。最大失重速率温度 T_{max}，即 $(d\eta/dT)_{max}$ 对应的温度。最大失重（η_∞），即热解/气化过程最终失重率。

气化段最大失重速率（$(d\eta/dT)_{max CO_2}$），气化段最大失重速率温度 T_{maxCO_2}，$\eta_{700℃}$ 为 700℃下失重。反应程度（α）：计算式为 $\alpha = \eta/\eta_\infty$。平均失重速率（$(d\eta/dT)_{mean}$），即最大失重百分比量与反应温度变化量的比值。

3. 最概然机理函数推断与动力学参数计算方法

由于在加压条件下进行生物质热解/气化的动力学分析的研究相对较少，尚无统一认定的动力学机理函数，所以需要推断其最概然机理函数。在众多推断方法中，Malek 法（胡荣祖，2001）被广泛用于热解/气化过程，并且其可靠性已被文献论证（陈鸿伟等，2011；王明峰等，2009），因此本书采用 Malek 法来推断最概然机理函数。得出最概然机理函数后，使用 Agrawal 积分法（胡荣祖，2001）进行计算得出相关动力学参数。

Malek 法是一种使用定义函数 $y(\alpha)$ 来确定 $f(\alpha)$ 和 $G(\alpha)$ 的一种最概然机理函数的有效推断方法。其中定义函数 $y(\alpha)$ 的表达式为：

$$y(\alpha) = \left(\frac{T}{T_{0.5}}\right)^2 \frac{\left(\dfrac{d\alpha}{dT}\right)}{\left(\dfrac{d\alpha}{dT}\right)_{0.5}} = \frac{f(\alpha) \cdot G(\alpha)}{f(0.5) \cdot G(0.5)} \qquad (5.1)$$

首先将人为数据：α_i，$y(\alpha_i)$（$i=1，2，3，\cdots，j$）和 $\alpha=0.5$，$y(0.5)$ 代入关系式 $y(\alpha) = \dfrac{f(\alpha) \cdot G(\alpha)}{f(0.5) \cdot G(0.5)}$，可以得到 $y(\alpha) \sim \alpha$ 的关系曲线，将这些曲线定义为标准曲线。然后将试验所得数据：α_i，T_i，$(d\alpha/dT)_i$（$i=1，2，3，\cdots，j$）和 $\alpha=0.5$，$T_{0.5}$，$(d\alpha/dT)_{0.5}$ 代入关系式 $y(\alpha) = \left(\dfrac{T}{T_{0.5}}\right)^2$ $\dfrac{\left(\dfrac{d\alpha}{dT}\right)}{\left(\dfrac{d\alpha}{dT}\right)_{0.5}}$，即可得试验数据的 $y(\alpha) \sim \alpha$ 关系曲线，该曲线为试验曲线。对比试验曲线与不同机理函数的标准曲线，与试验曲线最为接近的标准曲线所代表的机理函数，即为最概然机理函数。

根据 Malek 法选定最概然机理函数后，使用 Agrawal 积分法计算动力学参数，其积分推导式如式（5.2）所示。

$$\ln\left[\frac{G(\alpha)}{T^2}\right] = \ln\left\{\frac{AR}{\beta E}\left[\frac{1 - 2\left(\dfrac{RT}{E}\right)}{1 - 5\left(\dfrac{RT}{E}\right)^2}\right]\right\} - \frac{E}{RT} \qquad (5.2)$$

式中，E 为活化能，kJ/mol；A 为频率因子，min^{-1}；β 为升温速率（本试验中为常数，10 K/min）；T 为热力学温度，K；式（5.2）右边第一项一般可以近似认定为常数（陈鸿伟等，2011）。因此，根据试验数据，在选定合适的 $G(\alpha)$ 后，$\ln\left[\dfrac{G(\alpha)}{T^2}\right] \sim \dfrac{1}{T}$ 呈现线性相关，其拟合线斜率即为 $-\dfrac{E}{R}$，可求出 E，再根据截距即可求出 A。

第三节　结果与分析

一、压力对人造板废弃物气流床气化的影响

1. 压力对人造板废弃物气流床气化特性的影响

在温度 1 200℃、当量比为 0.27、不同气化压力下人造板废弃物气化产气组分如图 5 - 2 所示。

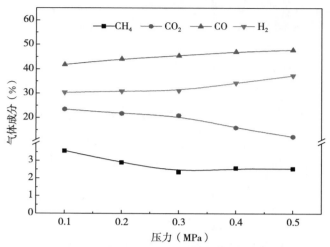

图 5-2　压力对人造板废弃物气化产气组分的影响

(注：气化温度 1 200℃；当量比 0.27)

从图 5-2 可以看出，当从 0.1MPa 增大至 0.5MPa 时，CO 浓度从 41.8% 提高至 47.8%，H_2 浓度由 30.4% 提高至 37.4%，而 CO_2 浓度则呈现下降趋势，这与文献（肖睿等，2005）中结果一致。CO、H_2 和 CO_2 浓度的变化主要由两方面因素造成，一方面反应压力的提高使反应区内气体（载气与产气的混合气）的流速降低，进而使其在高温反应区的停留时间明显延长，这促进了式 5.3 和式 5.4 的正向进行。另一方面，由于压力的增大使气化剂摩尔浓度增大，进而加快了气化反应速率式 5.3、式 5.4 和式 5.5。虽然仅从化学反应平衡的角度来看，提高压力对气化反应不利，但在实际运行的气流床气化炉中，反应不可能达到平衡状态，因此加压所引起的停留时间的延长与气固接触的增强就能对气化反应起到促进作用，提高了产气中 CO 与 H_2 的浓度。产气中 CH_4 浓度略有降低，这可能是由于人造板废弃物在气流床气化反应中 CH_4 的生成主要是来自于原料中挥发分的析出，而气化压力的提高，不利于挥发分的析出（Wall et al.，2002）。

$$CO_2 + C \leftrightarrow CO, \Delta H < 0 \tag{5.3}$$

$$H_2O + C \leftrightarrow CO + H_2, \Delta H < 0 \tag{5.4}$$

$$H_2O + C \leftrightarrow CO_2 + H_2, \Delta H < 0 \tag{5.5}$$

不同气化压力条件下人造板废弃物气化碳转化率、产气率与低位热值如图 5-3 所示。从图 5-3 中可以看出，随着气化压力的提高，人造板废弃物气流床气化的碳转化率、产气率与低位热值均明显提高。当气化压力从 0.1MPa 升高至 0.5MPa，人造板废弃物气化碳转化率从 73.3% 提高至 93.6%，产气率提高了

44%，同时产气低位热值增大了 13.8%。其中，碳转化率与产气率的提高主要是由压力提高引起的停留时间延长与气化剂摩尔浓度的增大导致。李乾军等（2010）在喷动床进行的加压气化实验，彭万旺等（1998）在流化床进行的加压气化实验均表明，气化压力的提高使气化碳转化率明显提高。此外，碳转化率的提高先快后慢，在气化压力较低时，提高量较大，而在压力较高时提高速率放缓，这与文献结果一致（肖睿等，2005）。低位热值的增大主要是由于产气中 CO 与 H_2 浓度的提高所导致。

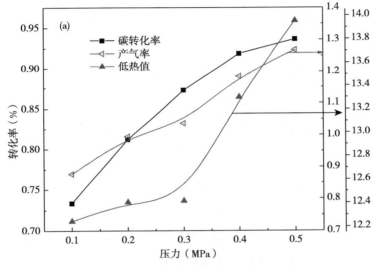

图 5-3　气化压力对人造板废弃物气化特性参数的影响

（注：气化温度 1 200℃；当量比 0.27）

2. 压力对人造板废弃物气流床气化产物含氮污染物分布的影响

不同气化压力下人造板废弃物气化产气中含氮污染物的浓度如图 5-4 所示。

从图 5-4 中可以看出，加压条件下人造板废弃物气流床气化产气中含氮污染物主要以 HCN 和 NH_3 为主，NO、NO_2 的浓度较低。随着气化压力的增大，HCN 和 NH_3 浓度出现明显的下降趋势，分别从 3 606mg/m^3 与 1 805 mg/m^3 降低至 393 mg/m^3 与 622 mg/m^3，并且在气化压力较低时下降较快，压力较高时下降较为缓慢。根据文献（陈世华等，2013）及本书第二章中对于人造板废弃物气化燃料氮迁移路径的分析可知，产气中 NH_3 主要来自于含氮黏合剂中氨基的释放，HCN 则来自于含氮化合物聚合生成含氮杂环类的过程，NH_3 能够发生裂解反应或与 NO_x 等发生反应生成 N_2（Tsubouchi et al.，2008），而 HCN 可以被 NO_x、OH^- 等氧化生成 N_2。压力增大导致的停留时间延长，促使二者有更长的反应时间向 N_2 转化。此外，从压力对产气率的影响可知，压力提高了产气率，这就导致产气总流量有所提高，使 NH_3 与 HCN 被稀释，这也是其浓度降低的一部分原因。NO 与 NO_2 的浓度较低与产气中高浓度的 NH_3 有关，NH_3 与 NO_x 反应生成 N_2 与 H_2O（陈颖等，2010）。

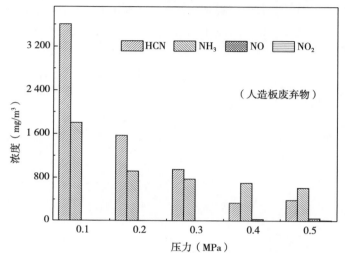

图 5-4　压力对人造板废弃物气化产气含氮污染物浓度的影响
（注：气化温度 1 200℃；当量比 0.27）

　　气化所得固体残渣的 XPS 分析结果如图 5-5 与表 5-2 所示。从图 5-5、表 5-2 可以看出，人造板废弃物气流床气化固体残渣中含氮化合物主要包括吡咯类、吡啶类与氰类化合物，这与文献（陈世华等，2005）基本一致。随着气化压力的提高，吡咯类含量逐渐降低，吡啶类逐渐增加。根据文献（刘海明等，2004）与第四章中结果可知，吡咯类的稳定性较差，因此可推测提高压力导致的停留时间延长，使吡咯类更多地向吡啶类转化，使吡啶类含量明显增加。

表 5-2　不同压力对人造板废弃物气化固体残渣含氮化合物分布的影响

	压力（MPa）	相对峰面积/%		
		吡咯氮	氰氮	吡啶氮
人造板废弃物	0.1	73.6	22.3	4.1
	0.2	70.3	17.8	11.9
	0.3	63.4	18.2	18.4
	0.4	48.5	18.9	32.7
	0.5	30.0	20.6	49.4

　　注：气化温度 1 200℃；当量比 0.27。

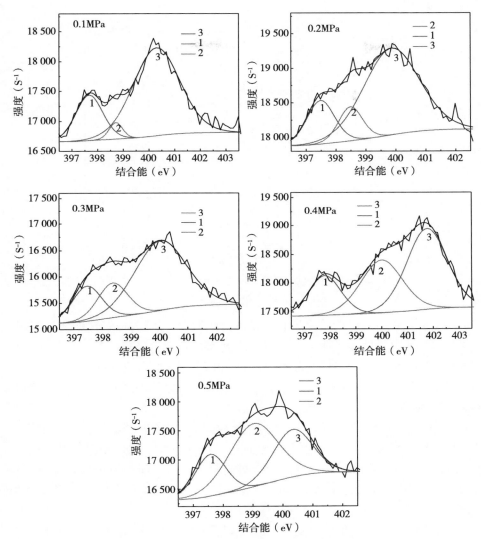

图 5-5　不同压力下人造板废弃物气化固体残渣 XPS 分析图谱

1. 氰氮　2. 吡啶氮　3. 吡咯氮

（注：气化温度 1 200℃；当量比 0.27）

二、压力对烘焙后固体产物气流床气化的影响

1. 压力对烘焙后固体产物气流床气化特性的影响

将烘焙后固体产物进行气流床加压气化，不同压力下气化产气组分浓度如

图 5-6 所示。

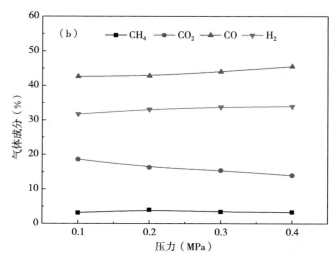

图 5-6 压力对烘焙固体产物气流床气化产气组分的影响
(注：气化温度 1 200℃；当量比 0.27)

从图 5-6 中可以看出，随着气化压力的增大，烘焙固体产物气流床气化产气中 CO 与 H_2 浓度有所增大，CO_2 浓度明显降低。当压力从 0.1MPa 提高至 0.4MPa 时，CO 与 H_2 分别从 42.7％和 31.8％提高至 45.6％和 34.0％，而 CO_2 浓度由 18.6％降低至 14.0％，这是因为压力的提高延长了气化停留时间，并且促进了气固反应（图 5-2）。

此外，对比图 5-2 可知，人造板废弃物与烘焙固体产物气化产气中 CO_2 与 H_2 浓度有所差别。在不同气化压力下，烘焙后固体产物气化产气中 CO_2 浓度均低于未烘焙气化，H_2 浓度高于未烘焙气化，这可能是由于烘焙预处理提前脱除了原料部分的含氧物质造成，与本书第三章和赵辉（2009）的研究结果一致。

从图 5-7 可以看出，随着压力的增大，碳转化率由 70.0％提高至 86.1％，产气率提高了 32.8％，产气热值从 12.47MJ/m^3 增大至 13.31 MJ/m^3。烘焙固体产物气化碳转化率、产气率与低位热值的变化趋势与未烘焙气化类似，但是烘焙后气化的碳转化率低于未烘焙气化，而产气率与热值高于未烘焙气化，这与本书第三章中实验结果一致。

2. 压力对烘焙固体产物气流床气化产物含氮污染物分布的影响

图 5-8 中显示了不同压力下，烘焙固体产物气流床气化产气中含氮污染物的浓度。可以看出，烘焙固体产物加压气化产气中 NO_x 浓度可以忽略，含

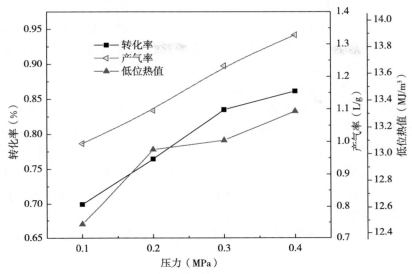

图 5-7　压力对烘焙固体产物气流床气化特性参数的影响

（注：气化温度 1 200℃；当量比 0.27）

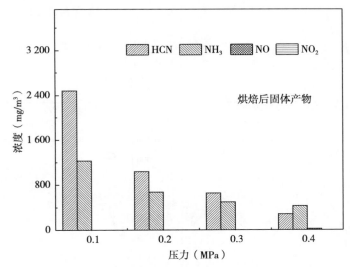

图 5-8　压力对烘焙固体产物气流床气化产气含氮污染物浓度的影响

（注：气化温度 1 200℃；当量比 0.27）

氮污染物以 HCN 与 NH$_3$ 为主。随着气化压力的提高，HCN 与 NH$_3$ 浓度均呈现下降趋势，HCN 由 2 483mg/m^3 降低至 281 mg/m^3，NH$_3$ 浓度降低了 65%。这是因为压力的增大导致了停留时间的延长，促进了 HCN 与 NH$_3$ 向

N₂ 转化的反应（图 5-4）。对比图 5-4 可知，同压力下，烘焙后固体产物气化产气中 HCN 和 NH₃ 浓度低于未烘焙人造板废弃物气化，这是由于烘焙提前脱除了一部分氮元素，并且使原料中含氮化合物向更稳定的结构转化导致（见第三章中分析）。

烘焙固体产物气化固体残渣的 XPS 分析结果如图 5-9 与表 5-3 所示。从图 5-9、表 5-3 中可以看出，吡咯类为烘焙固体产物气化固体残渣中主要的含氮化合物占气化固体残渣总氮的 46.8%～65.5%，吡啶类含量占总氮的 20.2%～29.7%。随着气化压力的增大，吡咯类含量减少，吡啶类含量增大，这与未烘焙气化固体残渣含氮化合物变化趋势类似，与吡咯类、吡啶类含氮化合物的稳定性有关。此外，烘焙后固体产物气化固体残渣中吡咯类含量低于未烘焙气化，而吡啶类含量高于未烘焙气化，该结果与第三章中常压下实验结果一致，主要是由于烘焙预处理使原料中含氮化合物向更稳定的结构转化所导致。

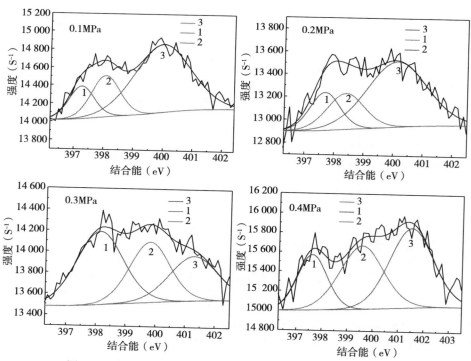

图 5-9　不同气化压力下烘焙固体产物气化固体残渣 XPS 图谱

1. 氰氮　2. 吡啶氮　3. 吡咯氮

（注：气化温度 1 200℃；当量比 0.27）

表 5 - 3　不同气化压力烘焙固体产物气化固体残渣含氮化合物分布的影响

压力（MPa）	相对峰面积（%）		
	吡咯氮	氰氮	吡啶氮
人造板废弃物 烘焙后产物			
0.1	65.5	14.3	20.2
0.2	61.1	17.8	21.0
0.3	48.7	24.1	27.2
0.4	46.8	23.5	29.7

注：气化温度 1 200℃；当量比 0.27。

三、压力对生物质热重加压热解和气化特性的影响

1. 人造板废弃物与松木粉常压热解和气化特性对比

常压条件下，人造板废弃物与松木粉在 Ar 与 Ar＋O₂ 气氛下的 TG、DTG 曲线如图 5 - 10 所示。

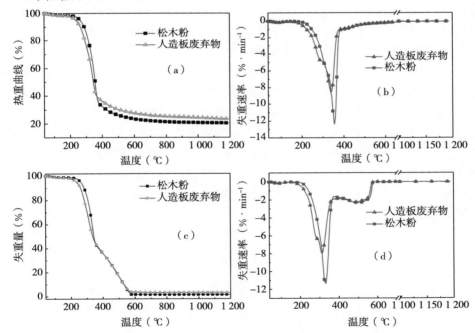

图 5 - 10　人造板废弃物与松木粉热解/气化失重曲线与失重速率曲线

（a）Ar 气氛下 TG 曲线　（b）Ar 气氛下 DTG 曲线　（c）Ar＋O₂ 气氛下 TG 曲线

（d）Ar＋O₂ 气氛下 DTG 曲线

从图 5-10 中可以看出，在 Ar 气氛下，人造板废弃物与松木粉的热解过程整体较为接近，均可分为 3 个阶段。在 190℃以下为原料阶段内部水分与少量挥发分阶段析出阶段。从 190～400℃为第二阶段，原料中大部分的挥发分迅速析出，两种原料的失重速率峰值均出现在该阶段。400℃后为第三阶段，为半焦发生缩聚反应生成苯环类物质阶段，失重较少且缓慢，人造板废弃物最大失重为 76.6%、松木粉为 79.6%，二者相差不大。以上结果表明，人造板废弃物与松木粉的热解特性较为接近，研究松木粉在加压条件下的热解特性对考察人造板废弃物的加压热解特性有指导意义。

在 Ar+O₂ 气氛下，人造板废弃物与松木粉的失重特性较为接近，均可以分为 4 个阶段。第一阶段与 Ar 气氛下类似，是原料水分与少量挥发分脱出的阶段，其温度范围为 190℃以下。第二阶段温度范围为 190～400℃，是原料挥发分迅速析出阶段。第三阶段是残余固体发生剧烈氧化反应的阶段，在 400～580℃出现第二个失重速率峰，该阶段人造板废弃物与松木粉的失重曲线与失重速率曲线基本相同，表明两种原料挥发分脱除后残余固体的气化特性基本一致。在 580℃后为第四阶段，该阶段原料已完全反应，重量基本保持不变。从以上结果可知，人造板废弃物与松木粉的热重气化特性整体一致。

2. 压力对松木粉热解特性的影响

从图 5-11 可以看出，松木粉热解过程主要分为 3 个阶段。第一阶段温度范围在常温到 190℃左右，是原料中内部水分与少量挥发分的析出阶段，DTG 曲线出现第一个失重峰，失重速率较慢，且此失重峰峰值出现的温度，随着压力的上升而延迟，失重峰峰值温度常压下的 110℃升高至 0.9 MPa 压力下的 170℃。190～400℃为第二阶段，该阶段是原料中挥发分逐渐脱出的阶段，随着压力的升高，T_s 逐渐升高，由 195℃提高至 237℃，表明压力的提高使挥发分开始析出时间推迟。T_{max} 由 367℃降低至 356℃，$(d\eta/dT)_{max}$ 则由 0.969%/K

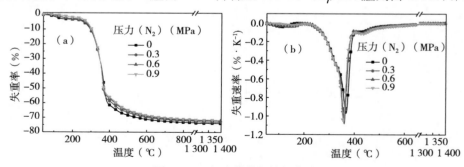

图 5-11　松木粉热解特性曲线
（a）失重曲线　　（b）失重速率曲线

提高至 1.068%/K。第 3 阶段温度范围约为 400~1 400℃，该阶段为半焦发生缩聚反应阶段，失重较少且缓慢，随着压力提高 η_∞ 逐渐降低，从 73.84% 降低至 71.67%，表明压力的提高抑制挥发分的析出，这与崔亚兵等（2004）研究结果一致，可能是由于随着压力的增大，析出的气体产物分压力提高，扩散阻力随之增强，进而使挥发分析出减少。

表 5-4　松木粉热解特性参数

P（MPa）	T_s（℃）	T_{max}（℃）	$(d\eta/dT)_{max}$（%·K^{-1}）	$\eta_{700℃}$（%）	η_∞（%）	$(d\eta/dT)_{mean}$（%·K^{-1}）
0	195	367	0.969	72.43	73.84	0.054 2
0.3	209	359	1.011	71.21	72.91	0.053 9
0.6	220	359	1.082	70.60	72.07	0.053 9
0.9	237	356	1.068	70.07	71.70	0.053 2

注：p 为压力；T_s 为初析温度；T_{max} 为最大失重速率温度；$(d\eta/dT)_{max}$ 为最大失重速率；$\eta_{700℃}$ 为 700℃ 下失重；η_∞ 为最大失重；$(d\eta/dT)_{mean}$ 为平均失重速率。

3. 压力对松木粉气化特性的影响

在 CO_2+N_2 气氛不同压力条件下，热重气化试验中失重曲线与失重速率曲线如下图 5-12 所示。

由图 5-12 中可以看出，在 CO_2+N_2 气氛下原料气化过程中的失重曲线与失重速率曲线在 700℃ 前与前文中 N_2 气氛下曲线基本一致，均为挥发分脱出的热解阶段，其区别在于在，CO_2+N_2 气氛下 T_s 低于 N_2 气氛同压力下 T_s。对比表 5-4 与表 5-5 可知，CO_2+N_2 气氛不同压力下 700℃ 时失重（$\eta_{700℃}$）明显大于 N_2 气氛该压力下失重，由此可知，通入 CO_2 能够促进挥发分的析出。这可能是由于 550~700℃ 范围内 CO_2 的导热系数大于 N_2 的导热系数（时军，1996），因此 CO_2 的加入能够使混合气体有更好地地传热效果。随着压力的逐渐增大，CO_2+N_2 气氛下 $(d\eta/dT)_{max}$ 呈现增大趋势，T_{max} 与 $\eta_{700℃}$ 的值则逐渐减小。

700℃ 以后是热解残余半焦与 CO_2 发生气化反应的阶段。N_2 气氛下该温度下 TG 与 DTG 曲线变化不大，而在 CO_2+N_2 气氛下，TG 曲线迅速下降，DTG 曲线明显出现峰值，而且由表 5-5 可知，CO_2+N_2 气氛下，T_{maxCO_2} 出现在 1 050~1 095℃ 范围内，$(d\eta/dT)_{maxCO_2}$ 在 0.101~0.162%/K 之间。当压力从 0 MPa 提高至 0.9 MPa 时，$(d\eta/dT)_{maxCO_2}$ 由 0.101%/K 逐渐提高至 0.162%/K，T_{maxCO_2} 由 1 077.5℃ 减小到 1 051.5℃，同时反应终止时 η_∞ 与 $(d\eta/dT)_{mean}$ 均呈现增加趋势。这因为压力的增大，使气体组分摩尔浓度有所提高，有利于半焦与 CO_2 的气化反应，使气化反应能在较低的温度下更快地进行，这与文献中（肖军等，2009；Wall et al.，2002 等）研究结果一致。

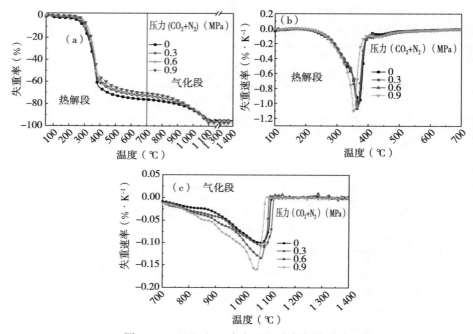

图 5-12　$CO_2 + N_2$ 气氛下松木粉气化曲线

（a）失重曲线　（b）热解段失重速率曲线　（c）气化段失重速率曲线

表 5-5　$CO_2 + N_2$ 气氛下松木粉气化特性参数

P（MPa）	T_s（℃）	T_{max}（℃）	$(d\eta/dT)_{max}/$ $(\% \cdot K^{-1})$	$\eta_{700℃}$ （%）	T_{maxCO_2} （℃）	$(d\eta/dT)_{maxCO_2}/$ $(\% \cdot K^{-1})$	η_∞（%）	$(d\eta/dT)_{mean}/$ $(\% \cdot K^{-1})$
0	152	369	1.006	76.13	1 077.5	0.101	94.89	0.071
0.3	174	368	1.039	73.03	1 075.4	0.107	95.48	0.070
0.6	166	360	1.077	72.15	1 075.6	0.135	96.04	0.071
0.9	177	353	1.115	70.79	1 051.5	0.162	97.11	0.075

注：p 为压力；T_s 为初析温度；T_{max} 为最大失重速率温度；$(d\eta/dT)_{max}$ 为最大失重速率；$\eta_{700℃}$ 为 700℃下失重；η_∞ 为最大失重；$(d\eta/dT)_{mean}$ 为平均失重速率。

4. 加压热解/气化动力学分析

（1）**热解动力学分析**　表 5-6 中为使用较为广泛的几种动力学机理函数。选取压力为 0.9 MPa 时数据代入实验分析中所述方法，得到不同机理函数的 y（α）～α 关系曲线（图 5-13），图 5-13 中试验曲线使用 S 来表示，其他不同机理函数的标准曲线使用表 5-6 中编号表示。

表 5-6 常用的动力学机理函数

编号	名称	机理	积分形式 $G(\alpha)$	微分形式 $f(\alpha)$
1	Mample 单行法则，一级	随机成核和随后生长，每个颗粒只有一个核心	$-\ln(1-\alpha)$	$(1-\alpha)$
2	Valensi 方程	二维扩散，圆柱形对称	$\alpha+(1-\alpha)\ln(1-\alpha)$	$[-\ln(1-\alpha)]^{-1}$
3	收缩球状	相边界反应，球形对称，$n=1/3$	$1-(1-\alpha)^{\frac{1}{3}}$	$3(1-\alpha)^{\frac{2}{3}}$
4	收缩圆柱状	相边界反应，圆柱形对称 $n=1/2$	$1-(1-\alpha)^{\frac{1}{2}}$	$2(1-\alpha)^{\frac{1}{2}}$
5	抛物线法则	一维扩散	α^2	$1/2\alpha^{-1}$
6	Avrami-Evofee 方程	随机成核，随后生长 $n=1/2$	$[-\ln(1-\alpha)]^{\frac{1}{2}}$	$2(1-\alpha)[-\ln(1-\alpha)]^{\frac{1}{2}}$
7	Avrami-Evofee 方程	随机成核，随后生长 $n=1/3$	$[-\ln(1-\alpha)]^{\frac{1}{3}}$	$3(1-\alpha)[-\ln(1-\alpha)]^{\frac{2}{3}}$
8	Jander 方程	三维扩散，球形对称，3D	$[1-(1-\alpha)^{\frac{1}{3}}]^2$	$3/2(1-\alpha)^{\frac{2}{3}}$ $[1-(1-\alpha)^{\frac{1}{2}}]^{-1}$
9	G-B 方程	三维扩散，圆柱形对称 3D	$1-2/3\alpha-(1-\alpha)^{\frac{2}{3}}$	$3/2[(1-\alpha)^{-\frac{1}{3}}-1]^{-1}$
10	Z-L-T 方程	三维扩散，3D	$[(1-\alpha)^{-\frac{1}{3}}-1]^2$	$3/2(1-\alpha)^{\frac{4}{3}}\times$ $[(1-\alpha)^{-\frac{1}{3}}-1]^{-1}$
11	反应级数	$n=2$	$1-(1-\alpha)^2$	$1/2(1-\alpha)^{-1}$

注：n 为反应级数；α 为反应程度。

从图 5-13 可知，松木粉加压热解过程可以分为两个阶段，其分界点在 α 值为 0.55~0.60 范围内，该范围对应的温度均在 360~375℃附近。在加压热解第一段反应级数（$n=2$）机理的标准曲线与试验曲线 S 最为接近，而在热解第二段随机成核（随后生长，$n=1/3$）机理的标准曲线与试验曲线 S 最为接近。这与文献研究基本一致，刘乃安等（1998）研究了林木热解特性，认为二级反应级数模型适用于林木热解。李小民等（2012）也研究认为，相对于三维模型扩散机理，二级机理更为合适。以上结果表明，热解阶段由两个不同的反应构成，第一阶段主要以挥发分析出反应为主，该反应为二级反应。热解第二阶段则为缩聚反应阶段，服从随机成核机理。

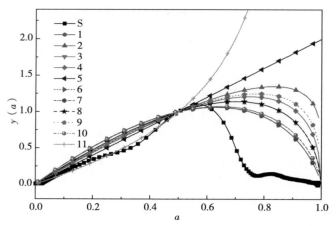

图 5 - 13　热解实验不同机理函数的 $y(\alpha)$ ~α 关系曲线

（注：S 为试验曲线；1～11 为不同机理函数标准曲线）

热解第一阶段使用反应级数（$n=2$）机理函数，第二阶段使用随机成核机理函数，按照 Agrawal 积分法来计算动力学参数，可以求出加压热解动力学参数，如表 5 - 7 所示。

表 5 - 7　压力对松木粉热解动力学参数的影响

压力（MPa）	温度（℃）	活化能（kJ/mol）	指前因子（min⁻¹）	R^2
0	260～360	41.15	2.52E+02	0.997
	360～900	28.95	1.05E+01	0.993
0.3	260～370	42.42	3.44E+02	0.991
	370～900	29.46	8.98E+00	0.997
0.6	260～360	43.57	4.77E+02	0.998
	360～900	36.08	3.02E+01	0.995
0.9	260～365	52.41	3.14E+03	0.992
	365～900	34.17	2.00E+01	0.997

由表 5 - 7 中可知，采用 Malek 法来推断所得最概然机理函数，计算所得各个线性拟合方程的相关系数 R^2 均达到 0.99 以上，表明该方法较为有效。在 360～370℃之前的热解第一阶段，随着压力的逐渐提高，活化能与频率因子均呈现逐渐增大的趋势，活化能由 0 MPa 时的 41.15kJ/mol 增加至 0.9 MPa 时 52.41kJ/mol，频率因子从 2.52E+02 min⁻¹ 增大至 3.14E+03min⁻¹。这与文

献（崔亚兵等，2004）研究基本一致。在热解第二阶段，活化能与频率因子相对于第一阶段，有一定幅度的减少。

　　（2）气化动力学分析　　由于CO_2＋N_2气氛下，低温段主要为挥发分析出阶段，与N_2气氛下基本一致，因此低温热解段仍然采用前文中所选取的机理函数。而在700℃以上的高温气化段，再次使用Malek法来推断最概然机理函数，得到不同机理函数的$y(\alpha) \sim \alpha$关系曲线，如图5-14所示。

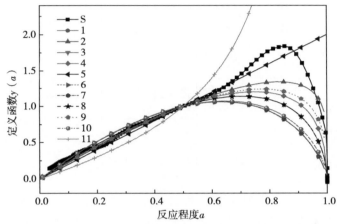

图5-14　气化实验不同机理函数的$y(\alpha) \sim \alpha$关系曲线

（注：S为试验曲线；1~11. 为不同机理函数标准曲线）

　　由图5-14中可以看出在700℃以上的高温气化段，二维扩散（圆柱形对称）机理函数的标准曲线与试验曲线较为接近，这表明生物质半焦颗粒与气化剂的反应主要发生在半焦颗粒的圆柱形表面。这与文献研究结论一致，邓剑等（2011）也认为二维扩散（圆柱形对称）机理函数适用于生物质CO_2气化动力学分析。使用二维扩散（圆柱形对称）机理函数结合Agrawal积分法计算动力学参数，得到CO_2＋N_2气氛下高温气化段动力学参数如表5-8所示。由表5-8中可知，在700℃以上的高温半焦气化反应阶段，计算所得的线性方程的R^2值均在0.99以上，说明使用Malek法推断得出的最概然机理函数的拟合效果较好。在CO_2＋N_2气氛下，随着压力的提高，在低温段范围内，两温度段内活化能与频率因子均呈现逐渐增大的趋势，这与N_2气氛下活化能与频率因子的变化趋势基本一致。在高温半焦气化阶段，活化能与频率因子均随着压力的逐渐增大而出现明显的增大趋势。活化能由0 MPa时的201.94 kJ/mol增大至0.9 MPa时的230.73 kJ/mol，频率因子由4.55E＋06 min^{-1}增大至7.04E＋07 min^{-1}。

表 5-8　压力对松木粉 CO_2+N_2 气氛下气化动力学参数的影响

压力 (MPa)	温度 (℃)	低温段			高温段			
		活化能 (kJ/mol)	指前因子 (min^{-1})	R^2	温度 (℃)	活化能 (kJ/mol)	指前因子 (min^{-1})	R^2
0	260~370	42.56	3.45E+02	0.996	780~1 085	201.94	4.55E+06	0.996
	380~620	41.88	1.75E+02	0.997				
0.3	260~370	45.38	6.12E+02	0.997	770~1 095	201.92	5.61E+06	0.995
	430~620	44.98	2.44E+02	0.997				
0.6	260~375	48.39	1.21E+03	0.993	760~1 088	205.96	9.34E+06	0.995
	380~620	45.83	2.67E+02	0.998				
0.9	260~360	60.24	1.67E+04	0.991	760~1 082	230.73	7.04E+07	0.995
	370~620	46.26	2.64E+02	0.991				

第四节　本章小结

（1）增大气化压力提高了合成气品质，产气中 CO 与 H_2 浓度有所增大，CO_2 浓度逐渐降低。气化碳转化率、产气率与低位热值均有明显的提高；随着气化压力的提高，人造板废弃物与烘焙固体产物的气化产气中 NH_3 与 HCN 浓度出现下降趋势，且烘焙后气化产气中 NH_3 与 HCN 浓度低于未烘焙气化，人造板废弃物与烘焙固体产物气化固体残渣中吡咯类含量均降低，吡啶类有所增加。

（2）在 N_2 气氛下，气化压力的增大会抑制挥发分的析出。随着压力的增大，最大失重温度减小，由常压下的 73.84% 降低至 0.9 MPa 压力下的 71.70%，同时平均失重速率出现小幅下降。Malek 法推断得出二级反应级数机理为加压热解第一阶段最概然机理，随机成核机理为加压热解第二阶段最概然机理，热解第一阶段活化能与频率因子均随压力的增大而提高；CO_2+N_2 气氛下压力的增大促进了半焦气化反应的进行，使半焦气化反应结束时间有所缩短。二维扩散机理（圆柱形对称）为加压气化段最概然机理，活化能与频率因子随压力的提高逐渐增大。

第六章　人造板废弃物气流床气化模拟计算

第一节　引言

气流床气化过程中存在复杂的物理和化学现象，主要包括：气固两相流动、传热传质以及他们之间均相和非均相反应。由于检测技术的局限，气流床气化炉的内部状况仍然很难全部从实验中获取（Wang et al.，2008）。由于计算机技术快速发展，以动量、质量、能量守恒基本方程和数值计算为基础的仿真模拟（CFD 等）在煤的流化床气化过程研究中得到了广泛的应用（Chen，2007）。模拟技术能够对气化炉内的温度场、气流流速分布和产气组分分布等较难与测量的过程和细节进行分析研究，因此 CFD 模拟不但能够深化了解气化过程的传热、传质和反应情况，还可以作为一种预测工具来辅助优化气化炉结构和进行规模放大的设计参考（Deng et al.，2008）。

由于原料特性的多样性以及其在气流床气化过程中的复杂行为，生物质类原料气化过程 CFD 建模却存在一定的困难（Chen et al.，2004）。对生物质流化床气化系统 CFD 建模方面的研究有所报导。Sofialidis 等（2001）使用 3D 模型对桉木在内径为 300mm 的流化床气化过程进行了 CFD 模拟，并在取得的结果中一个工况的气体组分与实验结果进行了比较；Oevermann 等（2008）使用 2D 模型对两种木材在内径为 95mm 的流化床气化过程进行了模拟，每种原料给出了一组气体组分计算结果与实验结果进行对比。但是，关于生物质气流床气化过程 CFD 模拟相对较少。赵辉等（2007）进行了木屑的气流床气化数值模拟计算，气体组分计算结果与实验结果吻合较好，随温度变化的趋势一致。本章将通过 Fluent 使用 3D 模型对人造板废弃物气流床气化过程进行模拟，给出流场、温度和气体组分分布的计算结果，并与相关的实验结果进行对比。

第二节　模拟计算

一、研究对象

本章研究人造板废弃物的气流床气化过程，该气流床的介绍可参考前文试验部分，原料的特性如第二章中图2-1所示。

本书的3D模型考虑原料气流床气化的各个物理和化学过程，主要包括：气固运动、湍流扩散、传导对流、辐射、挥发分析出、均相与非均相之间的反应，其运算量较大，为节省时间和提高运算效率，并根据实际气化过程中各因素的复杂程度及其影响的重要程度，做以下主要简化和假设：

（1）原料的灰分仅为1.3%，高温气化情况下，灰分对气化过程的化学反应影响相对较小，在模型中认为残炭反应完全后的气化焦颗粒为惰性颗粒，只考虑其换热与运动，不考虑其对化学反应的影响。

（2）由于焦油特性复杂，目前尚没有公认的方法可以满意的对焦油生成及演化过程进行模拟，并且在实验结果中发现气流床气化较高温度下气化合成气中焦油含量较低，故在模型中对焦油不予考虑。

在上述假设条件下，对气化炉进行网格划分，如图6-1所示，整个计算区域被划分为3个分区域，所有分区域均使用结构网格划分。

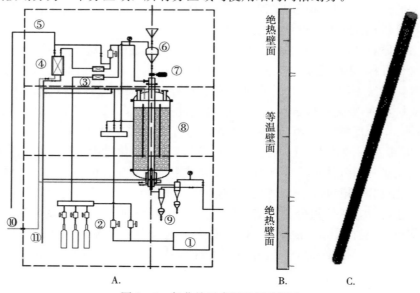

图6-1　气化炉示意图及网格划分

A. 气流床反应器流程示意图　B. 网格划分示意图　C. 计算模型3D示意图

二、模型介绍

1. 控制方程

气流床气化 CFD 模型中，使用 N－S 方程组作为流场控制方程，其中包含质量、动量、能量以及组分守恒方程，即方程式 6.1 至式 6.4：

$$\frac{\partial \rho}{\partial t} + \nabla \cdot (\rho \vec{u}) = S_p \tag{6.1}$$

$$\frac{\partial (\rho \vec{u})}{\partial t} + \nabla \cdot (\rho \vec{u} \vec{u}) = -\nabla p + \nabla \cdot (\mu \nabla \vec{u}) + S_u \tag{6.2}$$

$$\frac{\partial (\rho H)}{\partial t} + \nabla \cdot (\rho \vec{u} H) = \nabla (\lambda \nabla T) + S_H \tag{6.3}$$

$$\frac{\partial (\rho Y_i)}{\partial t} + \nabla (\rho \vec{u} Y_i) = \nabla \cdot (D \nabla (\rho Y_i)) + S_Y + R_f \tag{6.4}$$

其中，S_p、S_u、S_H 和 S_Y 为颗粒源项；R_f 为化学反应源项。上述方程组不封闭，需引入其他模型使方程组封闭。

在气流床气化过程模型中，人造板废弃物、气化剂加入气化炉后，人造板废弃物开始干燥和热解，产生各种气相产物，灰分及固定碳形成固相产物。灰分和碳颗粒的运动受气相物质运动影响，同时碳颗粒与气相物质发生各种化学反应，气相产物物质之间也存在化学反应，所有物质之间存在各种换热过程，气化炉内的流动总体上是各种化学反应的气固两相湍流，模型的主要结构如图 6－2 所示。通过 3D 反应炉建模，可以得出流场、温度、气体组分分布和颗粒运动轨迹。

2. 离散相（颗粒相）模型

与颗粒相相关的主要模型主要包括：颗粒运动模型和反应模型（Fluent Inc，2004），其中反应模型包括挥发分析出模型（单步反应模型）和颗粒表面反应模型。

（1）颗粒运动模型　化学反应计算时，对于反应颗粒采用离散相模型进行模拟。在直角坐标下，颗粒惯性作用力为作用在颗粒上的其他力：

$$\frac{du_p}{dt} = F_D(u - u_p) + \frac{\vec{g}(\rho_p - \rho)}{\rho_p} + F \tag{6.5}$$

其中，F_D（$u - u_p$）为颗粒的单位质量曳力。

$$F_D = \frac{18\mu}{\rho_p d_p^2} \frac{C_D R_e}{24} \tag{6.6}$$

其中，u 为流体相的速度；u_p 为颗粒的速度；μ 为流体的黏度；ρ 为流体的密度；ρ_p 为颗粒的密度；d_p 是颗粒直径；R_e 为颗粒的相对雷诺数，其定义为：

$$Re \equiv \frac{\rho \, d_p \, |u_p - u|}{\mu} \tag{6.7}$$

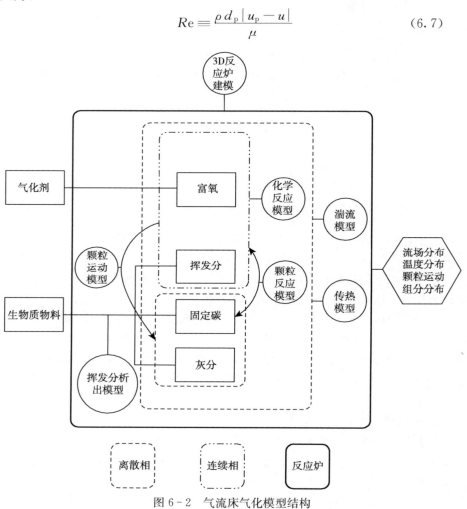

图 6-2　气流床气化模型结构

曳力系数 C_D 采用以下的表达式：

$$C_D = a_1 + \frac{a_2}{Re} + \frac{a_3}{Re} \tag{6.8}$$

当雷诺数在一定数值范围内，颗粒为球形时，a_1、a_2、a_3 为常数。

在方程中，F 在某些情况下较为重要，其中最重要的是由于要使球形颗粒周围流体加速从而引发的附加作用力，其表达式为：

$$F = \frac{1}{2} \frac{\rho}{\rho_p} \frac{d(u - u_p)}{dt} \tag{6.9}$$

当 $\rho > \rho_p$ 时，F 不容忽视。当流场中存在压力梯度时，压力梯度引起的附加作用力：

$$F = \left(\frac{\rho}{\rho_p}\right) u_p \frac{\partial u}{\partial x} \tag{6.10}$$

（2）单步反应模型　在单步反应模型中，假定挥发分析出速率与颗粒中保留的挥发分含量成一次幂关系（一级反应速率模型）：

$$\frac{\mathrm{d}m_p}{d_t} = k\left[m_p - (1 - f_{v,0})(1 - f_{w,0})m_{p,0}\right] \tag{6.11}$$

其中，m_p 即颗粒质量；$f_{v,0}$ 为颗粒中初始挥发分的质量分数；$f_{w,0}$ 为颗粒中可挥发物质的质量分数；$m_{p,0}$ 初始颗粒的质量；k 为反应速率常数，颗粒的初始挥发分质量分数 $f_{v,0}$ 应该稍微大于由近似分析得到的值，反应速率常数 k 通过 Arrhenius 公式中的指前因子和活化能确定：

$$k = A_1 e^{-(E/RT)} \tag{6.12}$$

对于热解焦颗粒，可以测得其相应的指前因子 A_1 和活化能 E。在没有实验数据的情况下，这些数据从大量实验数据中按最小二乘法拟合得到（Blasi et al.，2001；Blasi，1996；Blasi et al.，1999）。

方程 6.11 的近似分析解为：

$$m_p(t + \Delta t) = (1 - f_{v,0})(1 - f_{w,0})m_{p,0} + \left[m_p(t) - (1 - f_{v,0})(1 - f_{w,0})m_{p,0}\right]e^{-k\Delta t} \tag{6.13}$$

上式中的假定在离散积分时间的间隔内，颗粒的温度只发生轻微的变化。

（3）颗粒表面反应模型　Smith 提出了计算碳粒化学反应速率的关系，并进行了详细讨论（Liu et al.，1993）。颗粒反应速率 R 可以表示为：

$$R = D_0(C_g - C_s) = R_c(C_s)^N \tag{6.14}$$

其中，D_0 为扩散系数；C_g 大量物质中的平均反应气体物质浓度；C_s 颗粒表面的平均反应气体物质浓度；R_c 为化学反应速率系数；N 显式反应级数（无维）。

在方程 6.14 中，颗粒表面处的浓度 C_s 是未知的，因此表达式改写为如下形式：

$$R = R_c\left[C_g - \frac{R}{D_0}\right]^N \tag{6.15}$$

这一方程需要通过一个迭代过程求解，除去 $N=1$ 或 $N=0$ 的特例。

当 $N=1$ 时，方程 6.15 可以写为：

$$R = \frac{C_g R_c D_0}{D_0 + R_c} \tag{6.16}$$

在 $N=0$ 的情况下，如果在颗粒表面具有有限的反应物浓度，固体损耗速度等于化学反应的速度。如果在表面没有反应物，固体损耗速度根据扩散控制速率突然变化。在这种情况下，处于稳定性的原因，采用化学反应速率。

图 6-3 表示了一个正在气相中进行放热反应的颗粒。

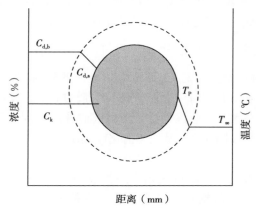

距离（mm）

图 6-3 多面反应模型中的颗粒

基于以上分析，用以下方程表示在气相物质 n 中颗粒表面物质 j 的第 r 个反应的速率。在这种情况下，反应 r 的化学计量表达式描述为：

颗粒物质 j ＋气相物质 n →各种产物

反应速率为：

$$\overline{R_{j,r}} = A_p \eta_r Y_j R_{j,r} \tag{6.17}$$

$$R_{j,i} = R_{kin,r} (p_n - \frac{R_{j,r}}{D_{0,r}})^{N_r} \tag{6.18}$$

其中，$\overline{R_{j,i}}$ 为颗粒表面物质的消耗速率；A_p 为颗粒表面积；Y_j 颗粒状态的表面物质 j 的质量分数；η_r 效率因子（无维）；$R_{j,i}$ 单位面积的颗粒表面物质反应速率；p_n 气相物质的分压力；$D_{0,r}$ 反应 r 的扩散速率系数；$R_{kin,r}$ 为反应 r 的动力学速率；N_r 反应 r 的显式级数。

效率因子 η_r 与表面积有关，可以用于多反应例子中的每一个反应。$D_{0,r}$ 由下式给出：

$$D_{0,r} = C_{1,r} \frac{\left[(T_p + T_\infty)/2 \right]^{0.75}}{d_p} \tag{6.19}$$

反应 r 的动力学速率定义为：

$$R_{kin,r} = A_r T^{\beta_r} e^{-(E_r/RT)} \tag{6.20}$$

反应级数 $N_r=1$ 时颗粒表面物质消耗速率由下式给出：

$$\overline{R_{j,r}} = A_p \eta_r Y_j p_n \frac{R_{kin,r} D_{0,r}}{D_{0,r} + R_{kin,r}} \qquad (6.21)$$

反应级数 $N_r = 0$ 时：

$$\overline{R_{j,r}} = A_p \eta_r Y_j p_n R_{kin,r} \qquad (6.22)$$

当有超过一种气相反应物参与到反应中时，反应的表达式需要扩展为：

颗粒物质 j ＋气相物质 1＋气相物质 2＋…＋气相物质 n_{max} →各种产物

为表示有 n_{max} 种气相物质出现的反应中某种颗粒表面物质 j 的第 r 个反应的速率，需要对每种固体颗粒反应定义扩散限制的物质，即在载体和颗粒表面之间浓度梯度最大的物质。对其他物质，表面和载体浓度认为相等。扩散限制物质的浓度使用 $C_{d,b}$ 和 $C_{d,s}$ 表示，其他物质浓度为 C_k，对多气相反应物的化学表达式，方程式 6.18 和 6.21 中的载体分压力 p_n 就是反应 r 中扩散限制物质的分压力 $p_{r,d}$。

反应 r 的动力学速率定义为：

$$R_{kin,r} = \frac{A_r T^{\beta_r} e^{-(E_r/RT)}}{(p_{r,d})^{N_{r,d}}} \prod_{n=1}^{n_{max}} p_n^{N_{r,n}} \qquad (6.23)$$

其中，p_n 为气体物质 n 的分压力；$N_{r,n}$ 物质 n 的反应级数。

3. 连续相模型

与连续相相关的主要模型包括：$RNG\ k-\varepsilon$ 湍流模型和非预混化学反应概率密度（PDF）模型。

（1）RNG k-ε 湍流模型　计算中采用三维计算方法，选用 $RNG\ k-\varepsilon$ 湍流模型，该模型满足计算要求。$RNG\ k-\varepsilon$ 湍流模型由标准 $k-\varepsilon$ 模型修正得到，标准 $k-\varepsilon$ 模型如式 6.24 所示：

$$\frac{\partial \varepsilon}{\partial t} + u_j \frac{\partial \varepsilon}{\partial x_j} = \frac{\partial}{\partial x_j} \left[\left(\frac{v_t}{\sigma_\varepsilon} + v \right) \frac{\partial k}{\partial x_i} \right] +$$
$$\frac{\varepsilon}{k} \left[C_{\varepsilon1} \left(-\overline{u'_i u'_j} \frac{\partial u_i}{\partial x_j} \right) - C_{\varepsilon2} \alpha g_i \overline{\theta u'_i} - C_{\varepsilon3} \varepsilon \right]$$

$$(6.24)$$

标准 $k-\varepsilon$ 模型使用了湍流的各向同性假设，而在不满足各向同性假设的湍流区，针对标准 k-ε 模型出现的上述问题，Yakhot、Orszag、Smith 及 Reynolds 等通过研究应用重正化群理论（renormalized group），在 N-S 方程中使用随机力函数与涡粘性概念代替了湍流中的小尺度脉动涡影响，从而解析地得出了标准 k-ε 模型中的湍流系数。与标准 k-ε 模型相比，RNG k-ε 模型加入考虑了湍流应变率的影响，因此该方程适用计算旋转流与近壁湍流。此外，RNG k-ε 模型既可以模拟低雷诺数的流动，又能够模拟高雷诺数流动。

因此，RNG k－ε 可以应用于该结构模型（Yakhot et al.，1986；Choudhury，1993）。

（2）非预混化学反应 PDF 模型　化学反应模拟使用守恒标量的 PDF 模型，该模型假设反应被混合速率控制，即反应已实现化学平衡状态，每个单元内的组分和性质被原料和氧化剂的湍流混合强度控制。其中的化学反应体系使用化学平衡计算来处理。该模型通过求解混合物的分数和其方差的输运方程得到组分和温度场。

$$\frac{\partial}{\partial t}\ (\rho \overline{f})\ +\nabla \cdot\ (\rho \overline{vf})\ =\nabla \cdot\ (\frac{\mu_t}{\sigma_t}\nabla \overline{f})\ +S_m+S_{user} \qquad (6.25)$$

$$\frac{\partial}{\partial t}\ (\rho \overline{f'^2})\ +\nabla \cdot\ (\rho \overline{vf'^2})\ =\nabla \cdot\ (\frac{\mu_t}{\sigma_t}\nabla \overline{f'^2})\ +$$

$$C_g\mu_t\ (\nabla^2 \overline{f})\ -C_d\rho \frac{\varepsilon}{k}\overline{f'^2}+S_{user} \qquad (6.26)$$

其中，$f'=f-\overline{f}$

$$f=\frac{Z_k-Z_{k,O}}{Z_{k,F}-Z_{k,O}} \qquad (6.27)$$

Z_k 代表元素 k 的质量分数，下标 F 和 O 分别代表原料和氧化剂的进口值。

4. 离散相和连续相之间的耦合

颗粒相通过挥发模型与颗粒表面反应模型向连续相的质量守恒方程提供传质源项，颗粒相通过对流和辐射换热与连续相进行能量交换（Fluent Inc，2004）。

辐射模型采用 P-1 辐射模型。其出发点是把辐射强度展开成为正交的球谐函数。对于辐射热流 q_r 可得出以下方程：

$$q_r=-\frac{1}{3(a+\sigma_s)-C\sigma_s}\ \nabla G \qquad (6.28)$$

其中，a 为吸收系数；σ_s 为散射系数；G 为入射辐射；C 为线性各相异性相位函数系数，引入参数：

$$\Gamma=\frac{1}{(3(a+\sigma_s)-C\sigma_s)} \qquad (6.29)$$

之后，方程 6.28 可转化为：

$$q_r=-\Gamma \nabla G \qquad (6.30)$$

G 的运输方程为：

$$\nabla (\Gamma \nabla G)-aG+4a\sigma T^4=S_G \qquad (6.31)$$

其中，σ 是斯蒂芬-玻尔兹曼常数；S_G 是用户定义的辐射源相。当使用P-

1模型时，求解此方程可得到该位置的辐射强度。合并方程（6.30）和（6.31）得到：

$$-\nabla q_r = a\,G - 4a\sigma T^4 \qquad (6.32)$$

$-\nabla q_r$ 表达式能够直接代入能量方程，进而得出由于辐射所引起的热量源。

在 P-1 辐射模型中加入颗粒的影响，需忽略气相散射。对于具有吸收、发射、散射的灰体介质，入射辐射的输运方程为：

$$\nabla \cdot (\Gamma \nabla G) + 4\pi \left(a\frac{\sigma T^4}{\pi} + E_p\right) - (a + a_p)G = 0 \qquad (6.33)$$

公式中，E_p 为颗粒的等效辐射；a_p 为颗粒的等效吸收系数。

$$E_p = \lim_{V \to 0} \sum_{n=1}^{N} \varepsilon_{pn} A_{pn} \frac{\sigma T_{pn}^4}{\pi V} \qquad (6.34)$$

$$a_p = \lim_{V \to 0} \sum_{n=1}^{N} \varepsilon_{pn} \frac{A_{pn}}{V} \qquad (6.35)$$

其中，ε_{pn}、A_{pn} 和 T_{pn} 分别为第 n 个颗粒的黑度、垂直辐射方向的投影面积和温度。第 n 个颗粒的投影面积 A_{pn} 计算式为：

$$A_{pn} = \frac{\pi d_{pn}^2}{4} \qquad (6.36)$$

其中，d_{pn} 为第 n 个颗粒的直径。

方程 6.29 中 Γ 定义为：

$$\Gamma = \frac{1}{3(a + a_p + \sigma_p)} \qquad (6.37)$$

其中，等效颗粒散射因子定义为：

$$\sigma_p = \lim_{V \to 0} \sum_{n=1}^{N} (1 - f_{pn})(1 - \varepsilon_{pn}) \frac{A_{pn}}{V} \qquad (6.38)$$

它是在颗粒跟踪计算过程中得到的，f_{pn} 为第 n 个颗粒的散射系数。

在能量方程中，由颗粒辐射而引发的热量源项的计算式为：

$$-\nabla q_r = -4\pi \left(a\frac{\sigma T^4}{\pi} + E_p\right) + (a + a_p)G \qquad (6.39)$$

为了得到入射辐射方程的边界条件，用法线向量 $\vec{n}$ 点乘方程 6.29 得到：

$$q_r \cdot \vec{n} = -\Gamma \nabla G \cdot \vec{n} \qquad (6.40)$$

$$q_{r,w} = -\Gamma \frac{\partial G}{\partial n} \qquad (6.41)$$

此时，入射辐射 G 在壁面的热流为 $-q_{r,w}$。

根据 Marshak 边界条件（Ozisik，1973）推导可得到：

$$q_{r,w} = -\frac{4\pi\varepsilon_w \dfrac{\sigma T_w^4}{\pi} - (1-\sigma)G_w}{2(1+\rho_w)} \qquad (6.42)$$

其中，ρ_w 为壁面发射率。假定壁面为漫灰表面，$\rho_w = 1-\varepsilon_w$，方程变为：

$$q_{r,w} = -\frac{\varepsilon_w}{2(2-\varepsilon_w)}(4\sigma T_w^4 - G_w) \qquad (6.43)$$

方程 6.43 可以计算能量方程中的 $q_{r,w}$ 和辐射方程的边界条件。

5. NOx 前驱物生成模型

在原料气化过程中，NOx 前驱物（NH$_3$ 与 HCN）产生的方式有以下两种：快速型和燃料型。

快速型 NOx 前驱物是由从燃料中高温分解出的 CH 自由基与氮气接触反应生成 HCN 与 N，然后在与高温反应区中 O、OH 基团生成 NCO，随后与氧气反应生成。其主要的反应机理式为：

$$N_2 + CH \rightarrow HCN + N \qquad (6.44)$$

$$N_2 + C_2 \rightarrow 2CN \qquad (6.45)$$

$$N + OH \rightarrow NO + H \qquad (6.46)$$

$$HCN + OH \rightarrow CN + H_2O \qquad (6.47)$$

$$CN + O_2 \rightarrow NO + CO \qquad (6.48)$$

根据现有研究来看，快速型 NOx 前驱物在气化的条件下生成较少，且本书中实验使用 Ar 为载气，在气化过程中仅有少量 N$_2$ 生成，因此对 NH$_3$ 与 HCN 的生成影响较小。

燃料型 NOx 前驱物是由燃料中氮元素参与氧化反应生成。气化过程中，燃料中氮元素在温度相对较低时就能发生分解，生成前驱物，随后被氧化生成 NOx（金维平，2005）。本章中，人造板废弃物中氮元素含量较高，燃料型 NOx 前驱物将会是主要考虑的类型。计算过程中，假定燃料氮分布在挥发分与热解焦中，NH$_3$ 为主要 NOx 前驱物，其反应路径如下：

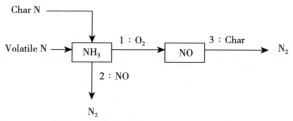

在此反应机理中，热解焦中氮转化为 NH$_3$，其计算式为：

$$S_{char,NH_3} = \frac{S_c Y_{N,char} M_{w,NH_3}}{M_{w,N} V} \tag{6.49}$$

$$S_{char,NO} = 0 \tag{6.50}$$

其中，S_c 为热解焦燃尽速率（kg/s）；$Y_{N,char}$ 为热解焦中含氮量；V 为细胞容积。

第三节　模拟结果与讨论

气化过程中气化剂通过气化炉顶部入口进入反应炉内。实际实验过程中原料颗粒通过星形进料阀连续地加入反应炉内，进入反应炉的原料颗粒在重力作用下，做自由落体运动与气化剂混合进入气化反应炉高温区进行气化反应。模拟过程中设定气化剂与原料颗粒通过进料口以相同的速度进入气化反应炉，气体及颗粒速度由总进气量决定。

一、当量比对人造板废弃物气流床气化特性的影响

1. 气化工况

根据实验使用的条件，气化炉生物质进料速率约为 1.2kg/h。气化过程中所使用的气体组分为 $30\%O_2$、$70\%Ar$。通过控制通入气化炉内气体的流量来控制气化当量比。模拟过程使用的工况如表 6-1 所示。

表 6-1　模拟过程所使用的工况

当量比		0.20	0.27	0.34	0.40
进气量（m³/h）	O_2	0.16	0.23	0.28	0.32
	Ar	0.37	0.54	0.65	0.75

气化炉内温度分布如图 6-4 所示。给出了不同当量比下气化炉内的温度分布图。从图 6-4 中可以看出在所有当量比下，在辐射加热作用下生物质颗粒进入反应炉后迅速着火，在气化炉进口下端附近形成高温核心区，温度在 2 000～2 400K 之间。

随着当量比的增加，高温核心区体积逐渐增加。由于相对应气化炉体积，实验及计算工况进料量较小，反应流到达气化炉中部恒温区时，气化高温区产生的热量通过热交换迅速散失掉，并与壁面达到热平衡。计算工况下反应流在高温区后半段及气化炉下部绝热区内温度基本不变，随当量比增加，气化反应炉出口温度基本不变，维持在 1 450K 附近。

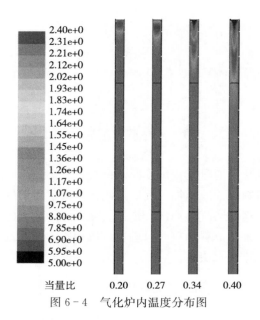

| 当量比 | 0.20 | 0.27 | 0.34 | 0.40 |

图 6-4　气化炉内温度分布图

2. 当量比对流场分布影响

图 6-5 中给出了气化炉内的流场分布图。对比图 6-4 可以看出气流速度分布与温度分布有密切关系，两者随高度变化的趋势有很多相似之处。在气化炉进口附近，气流速度也随着温度的升高而急剧升高，该区域化学反应非常剧烈，生成大量气体产物，同时该区的高温也使得该区域内的气体体积膨胀，从而提高了该区的气体流速。随着气流向下游运动，气流内部化学反应趋于稳定，由于壁面效应的影响，流体边界层厚度逐渐增加，气流平均速度逐渐降低。随当量比的增加，气化炉中心高速区宽度有所增加。

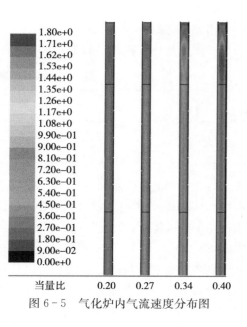

| 当量比 | 0.20 | 0.27 | 0.34 | 0.40 |

图 6-5　气化炉内气流速度分布图

3. 气体组分分布

图 6-6~11 分别给出了 CO、CO_2、H_2、H_2O、NH_3 和 HCN 浓度的分

布。从图中可以看出，在气化炉中心轴向剖面上，气体组分分布沿轴线方向变化趋势如下：

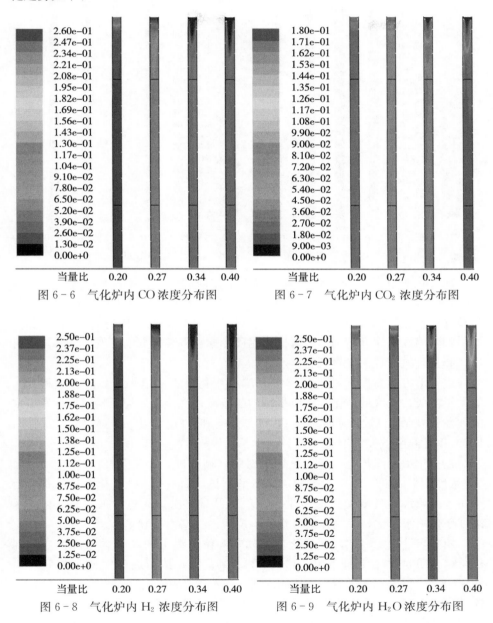

图 6-6　气化炉内 CO 浓度分布图　　　　图 6-7　气化炉内 CO_2 浓度分布图

图 6-8　气化炉内 H_2 浓度分布图　　　　图 6-9　气化炉内 H_2O 浓度分布图

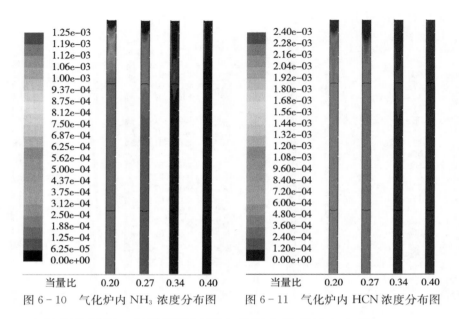

图 6-10　气化炉内 NH_3 浓度分布图　　图 6-11　气化炉内 HCN 浓度分布图

　　在气化炉顶部，离顶部很短距离范围内就开始有少量 H_2、CO、CO_2、H_2O、NH_3 等气体生成，这是因为所有计算工况下，刚进入反应器的原料颗粒及气体流速较低。原料颗粒进入反应器后，在辐射及气体传导加热作用下，原料颗粒温度迅速升高到挥发分析出温度，原料颗粒内部的挥发分开始缓慢析出，并且含氮黏合剂发生裂解。

　　进口下方的高温区域是气体组分浓度变化最大的区域，H_2、CO 和 CO_2 等大量生成。此区域是化学反应最剧烈的区域，气化介质与原料颗粒挥发出来的挥发分及固定碳反应后生成以 H_2、CO 和 CO_2 为主要的气体。NH_3 与 HCN 也在此区域大量生成。

　　在气化炉中部及更靠近气化炉出口的区域，H_2 和 CO_2 浓度呈明显升高，CO 浓度明显降低，H_2O 浓度也有降低的趋势，但不如 CO 变化明显，这是由于在该区域水煤气变换反应占主导地位的结果；出口附近，H_2、CO 和 CO_2 浓度变化趋于平缓，说明在该区域，各反应已经基本达到平衡。

　　随着当量比的增加，在气化炉相同轴向位置上 H_2、CO 含量降低，分别从 40.2% 和 42.7% 降低至 19.1% 和 29.7%；CO_2 浓度逐渐增加，由 13.7% 到 33.8%。这是由于随着当量比的提高，进入系统的氧化剂量增加，更多 O_2 与挥发分中的 H_2、CO 反应生成的 CO_2、H_2O。同时，气化炉中 NH_3 与 HCN 浓度随当量比的增大而减小，这是由于进入更多氧气促进了 NH_3 与 HCN 后续反应生成 NO_x 或 N_2。

二、温度对人造板废弃物气流床气化特性的影响

1. 反应温度对炉内温度场的影响

从图 6-12 可以看出，气化炉反应温度的升高对气化炉入口段炉内温度分布影响并不明显。气化炉入口段温度的升高主要是因为原料颗粒与氧化剂（O_2 等）的氧化放热，最高温度达到 2 500K。在气化炉中下部气化炉内温度开始出现差异，反应流经过在入口段的剧烈反应后，进入高温的气流温度迅速与反应温度达到平衡。在计算工况下，气化炉出口处气流温度等于反应温度。

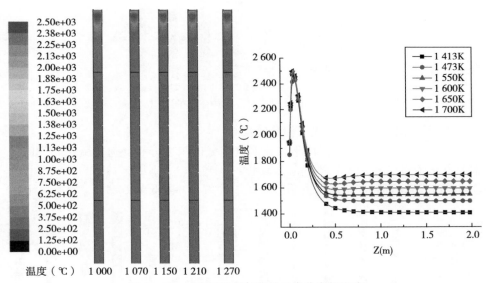

图 6-12　反应温度对气化炉温度分布的影响

2. 反应温度对炉内流场的影响

图 6-13 为不同温度对炉内流场的影响。在气化炉进口附近，气流速度迅速升高，这是由于原料受热生成大量气体产物，同时该区的高温也使得该区域内的气体体积膨胀。随着气流向下运动，气流内部的化学反应趋于稳定，反应生成气体量增加，气流速度缓慢增大，在炉体中下部中心区域达到最大速度。随温度的增大，气化炉中心的高速区流速逐渐增大，这是由于更高的温度使气体膨胀倍数更大，并且更高的温度使原料产出气体更多所导致，单工况最高气体流速从 1 000℃时的 1.1m/s 增大至 1 270℃时的 1.3m/s。

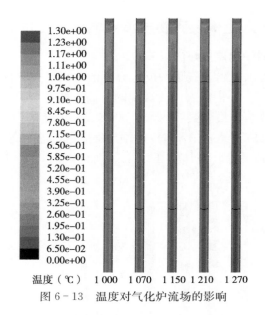

温度（℃）　1 000　1 070　1 150　1 210　1 270

图 6 - 13　温度对气化炉流场的影响

3. 反应温度对气化合成气组分的影响

图 6 - 14～19 为不同温度下气化产气组分的浓度分布。随着反应温度的升高，气化炉出口合成气中 CO 和 H_2 浓度有所升高，分别从 37.1％与 28.8％提高至 43.1％与 37.4％；CO_2 浓度逐渐降低，从 23.9％降低至 18.4％。这是由于随

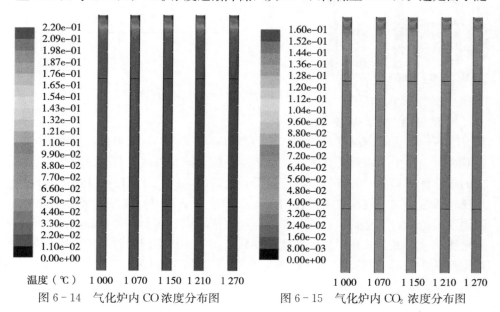

温度（℃）　1 000　1 070　1 150　1 210　1 270　　　　　1 000　1 070　1 150　1 210　1 270

图 6 - 14　气化炉内 CO 浓度分布图　　　　图 6 - 15　气化炉内 CO_2 浓度分布图

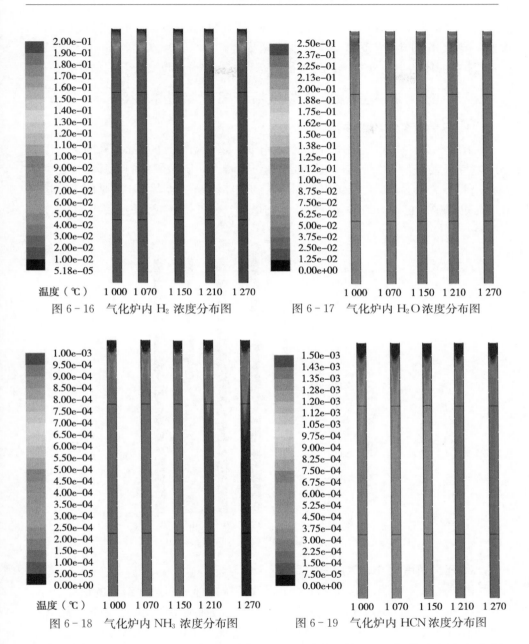

图 6-16　气化炉内 H_2 浓度分布图　　　图 6-17　气化炉内 H_2O 浓度分布图

图 6-18　气化炉内 NH_3 浓度分布图　　　图 6-19　气化炉内 HCN 浓度分布图

着温度的逐渐升高，气化剂与固定碳之间的反应得到加强，化学反应速度有所增加。CO_2、H_2O 等气与 C 反应生成更多的 CO 和 H_2。同时，随着温度的升高，水气平衡反应重新构建平衡，向着生成 CO 及 H_2O 的方向（吸热方向）

进行（详细见第二章中分析）。此外，随着温度提高，NH_3 的分解反应更加剧烈，导致了 NH_3 浓度减小。不同温度下，CO、CO_2、H_2、H_2O、NH_3 和 HCN 在炉体上半部分基本达到平衡状态，下半部分浓度变化相对较小。

三、压力对人造板废弃物气流床气化特性的影响

1. 压力对流场的影响

图 6 - 20 为不同气化压力下气流床内部气体流速分布情况。从图中可以看出，与前文中类似，炉体进口附近流速迅速增大，随着气流的下移变化逐渐放缓。不同气化压力下，在炉内相同位置的气体流速逐渐降低，这是由于在进料量与进气量变化不大的情况下，压力的增大，使气体被成倍的压缩，进而使流速减小。

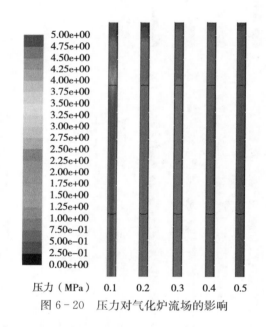

图 6 - 20　压力对气化炉流场的影响

2. 压力对气化合成气组分的影响

图 6 - 21～26 为不同气化压力下，气流床内部不同产气组分的浓度分布。从图中可以看出，炉内气体组分浓度轴向变化与前文中所述基本一致。随着气化压力的增大，气化炉内 CO、H_2 浓度有所提高，CO 浓度从 40.5% 提高至 46.4%，H_2 浓度从 34.1% 增大至 36.3%；CO_2 浓度下降，CO_2 浓度由 19.7% 下降至 17.1%；CO、H_2、CO_2 浓度达到基本平衡的径向距离逐渐缩短。这些变化主要是由于更高的气化压力，延长了停留时间，并促进了气固反

应，使更多的 CO_2 与残炭、残炭与 H_2O 之间的反应生成 CO 与 H_2。此外，NH_3 与 HCN 浓度的降低是由于更长的停留时间使 NH_3 与 HCN 的后续反应更加彻底。

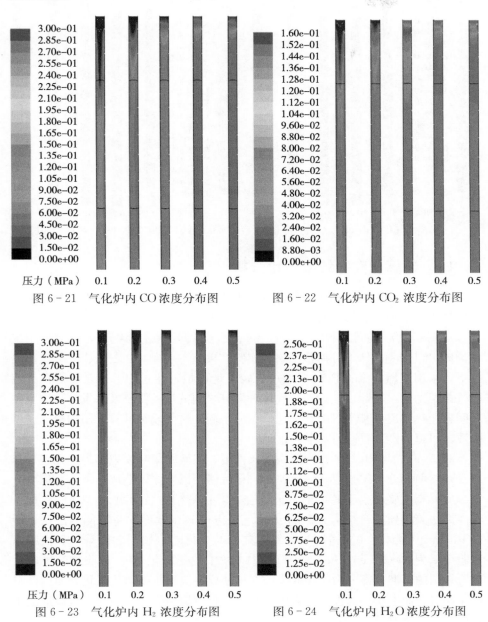

图 6-21 气化炉内 CO 浓度分布图

图 6-22 气化炉内 CO_2 浓度分布图

图 6-23 气化炉内 H_2 浓度分布图

图 6-24 气化炉内 H_2O 浓度分布图

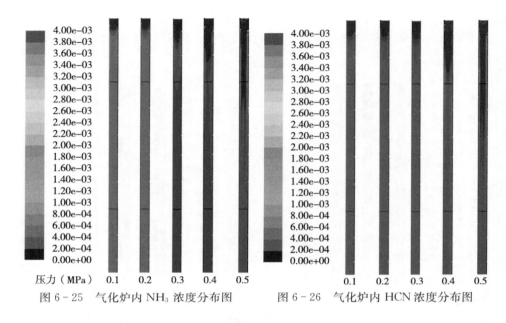

图 6-25　气化炉内 NH_3 浓度分布图　　　图 6-26　气化炉内 HCN 浓度分布图

四、计算与实验结果对比分析

不同当量比、温度和压力条件下，人造板废弃物气流床气化产气组分浓度实验结果与模型计算结果对比，如图 6-27 中所示。

从图 6-27 中可以看出，对于 CO_2、CO 和 H_2 等主要组分，大多数工况下炉体出口主要气体组分模拟结果与实验结果基本一致。在气流床气化实验条件下，采用双燃料流的 PDF 模型可以较好地模拟气化过程。这是因为在气流床气化温度下，实际反应过程中气体挥发分之间的均相重整及挥发分与固定碳之间异相化学反应基本可以达到化学反应平衡，这与模拟计算采用的概率密度函数（PDF）模型假设的基本一致。

对于 NH_3 与 HCN，在不同实验条件下，实验结果与模拟结果变化趋势基本一致，但部分工况数值有一定差距。这可能是以下原因造成：①人造板废弃物中氮元素主要来自于其中的含氮黏合剂，化学结构较为复杂，CFD 模拟计算尚无法兼顾到原料结构方面的因素，这是 Fluent 软件本身功能的限制，所以 Fluent 模拟计算主要适用于含氮污染物的变化趋势预测，而具体数值则以实验结果为准（Fluent Inc，2004）。②本章中关于气化 NO_x 前驱物的生成计算所采用的模型大部分为半经验模型，这些模型应用于生物质气化方面的模拟计算较多，而由于人造板废弃物中含氮化合物结构与生物质不同，所以造成了计算结果有所偏差。

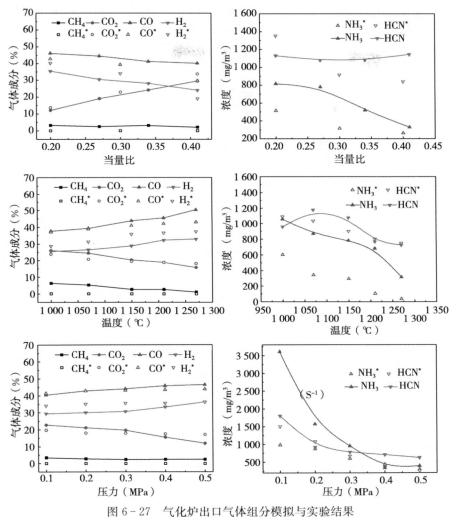

图 6-27　气化炉出口气体组分模拟与实验结果

（注：* 表示模拟计算结果，未加星标为实验结果）

第四节　本章小结

对人造板废弃物气流床气化过程进行了模拟，模型考虑了离散相、连续相与二相耦合的气固运动、湍流扩散、传导对流、辐射、挥发分析出、均相与非均相之间的反应等物理和化学过程，计算获得了气化温度场、流场与产气组分浓度分布。将计算结果与相关实验结果进行了对比，表明模拟结果基本合理，

气化气体产物中 CO、CO_2 与 H_2 浓度实验与模拟结果基本一致，NH_3 与 HCN 浓度实验与模拟结果变化趋势一致。

第七章　结论与展望

第一节　结论

　　人造板由于价格低、强度高等优点，在家具制造与家具板材行业被广泛的使用，我国已成为世界人造板制造和使用第一大国，而人造板废弃后所产生的人造板废弃物数量日益增大。将气流床气化技术应用于人造板废弃物的无害化处理，在减少污染物排放和资源利用方面有良好的应用前景。

　　本书在气流床装置上进行了人造板废弃物的气化实验。首先考察了人造板废弃物与松木粉的气化特性的差异，对比研究了人造板废弃物与松木粉、玉米芯燃料氮迁移转化规律的不同；研究了人造板废弃物烘焙过程中氮元素迁移转化规律和烘焙对气流床气化的影响；将熔融盐净化技术应用于人造板废弃物气化产气的调质与污染物脱除，考察了熔融盐反应条件对原料产气中主要 N、S、Cl 污染物的脱除效果；进行了人造板废弃物与烘焙固体产物的气流床加压气化实验，考察了压力对其气化特性与含氮污染物生成分布的影响。研究了松木粉在热重上加压热解与气化特性；使用 Fluent 软件模拟计算了实验条件对气流床气化特性的影响。主要结论如下：

一、人造板废弃物气流床气化特性与氮迁移转化规律研究

　　人造板废弃物与松木粉气流床气化产气中 CH_4 浓度较低，且在 1 210℃以上时产气中均不含焦油。人造板废弃物气化产气中 CH_4 浓度、产气热值明显高于松木粉气化；与松木粉、玉米芯气化不同，人造板废弃物气化燃料氮主要转化为气体产物，其中 N_2 是最主要的气态含氮产物，占总燃料氮的 76%。产气中 NH_3 与 HCN 的浓度高于松木粉、玉米芯气化产气中的浓度。随着温度、当量比与氧浓度的提高，人造板废弃物气化产气中 N_2 占总氮比例明显上升，NH_3 浓度有所下降。

二、人造板废弃物烘焙、气化特性与氮迁移转化规律研究

提高烘焙温度与延长停留时间降低了固体产物产率与能量产率。烘焙后固体产物 O/C 值有所降低，热值提高。氮元素主要存在于烘焙固体产物，占总氮的比例为 51.1％～74.2％，且随着温度提高与停留时间延长而下降，其主要含氮化合物结构为氨基类与吡啶类。液体产物中含氮化合物为含氮杂环化合物、氨基化合物以及含氮杂环氨基混合型化合物。氮元素在气体产物中以 N_2 与 NH_3 的形式存在；烘焙降低了人造板废弃物气流床气化的碳转化率，提高了产气 H_2/CO 值和产气率。随着烘焙温度升高与烘焙停留时间延长，碳转化率呈现降低趋势，产气率、低位热值和产气 H_2/CO 值均逐渐提高。烘焙明显减少了人造板废弃物气化产气中 NH_3 与 HCN 的浓度，其中 NH_3 浓度降低至 $348mg/m^3$，HCN 浓度则降低了 27％。

三、熔融盐对人造板废弃物气流床气化产气调质与污染物脱除研究

经过熔融盐调质净化后，高含氮废弃物气流床气化产气中 CO 与 CO_2 浓度降低，H_2 浓度明显增大。随着熔融盐温度的上升，产气 H_2/CO 值可调范围为 0.8～7.3。产出合成气经熔融盐净化后，出口气体中污染物含量明显下降。含 S、Cl、N 污染物脱除效果较好，当熔融盐温度达到 430℃ 以上时，出口气体中已基本不含 S、Cl 污染物，含 N 污染物中 HCN、NO 与 NO_2 已经完全脱除，而 NH_3 则脱除了 81％～96％。

四、人造板废弃物气流床加压气化实验研究

压力的增大促进了人造板废弃物与烘焙固体产物气流床气化产气中 CO 与 H_2 的产生，降低了 CO_2 的浓度。碳转化率、产气率与低位热值均随气化压力的增大明显提高；气化压力的增大降低了人造板废弃物与烘焙固体产物气化产气中 NH_3 与 HCN 的浓度，气化固体残渣中吡咯类含氮化合物含量降低，而吡啶类有所增加。

高压热重实验结果表明，N_2 气氛下，随着压力的增大，最大失重从 73.84％ 降低至 71.70％，平均失重速率出现小幅下降。热解第一阶段为轻质挥发分脱除反应，为二级反应，该阶段活化能与频率因子均随压力的增大而提高。热解第二阶段则为缩聚反应，服从随机成核机理；$CO_2＋N_2$ 气氛下压力的增大促进了半焦气化反应的进行，使半焦气化反应结束时间有所缩短。气化段活化能与频率因子随压力的提高逐渐增大。

五、人造板废弃物气流床气化模拟计算

离散相模型（包括单步反应模型与颗粒表面反应模型）和连续相模型（包括湍流模型与非预混化学模型），适用于人造板废弃物气流床气化的模拟计算，计算与实验数据整体上吻合，模拟过程基本合理。模型可以用于研究人造板废弃物的气流床气化产气的炉内温度分布、流体流速分布与主要气体浓度分布。

第二节　研究展望

（1）本书分析了人造板废弃物气化产物中含氮化合物结构并推测了氮元素的迁移转化路径，采用同位素示踪法和量子化学计算手段更深入地分析研究人造板废弃物气化过程中燃料氮的迁移转化机理。

（2）由于实验条件与装置的限制，仅进行了温度为 1 000～1 300℃、压力为 0.1～0.5MPa、富氧气氛下的人造板废弃物加压气化实验，下一步将改善实验条件、改进气流床装置结构，进行温度为 1 300～1 500℃、压力为 0.6～5MPa、H_2O 和 CO_2 等气氛下的人造板废弃物的加压气化研究。

（3）进行了人造板废弃物的气流床气化研究，以后将进行咖啡渣、蔗渣等其他工业废弃物的气流床加压气化实验。

参考文献

柏继松，2012. 生物质燃烧过程氮和硫的迁移、转化特性研究 ［D］. 杭州：浙江大学.

车德福，2013. 煤氮热变迁与氮氧化物生成 ［M］. 西安：西安交通大学出版社.

陈登宇，2013. 干燥和烘焙预处理制备高品质生物质原料的基础研究 ［D］. 合肥：中国科学技术大学.

陈鸿伟，王威威，黄新章，等，2011. 纤维素生物质热解试验及其最概然机理函数 ［J］. 动力工程学报，31（9）：709－714.

陈青，2012. 生物质高温气流床气化合成气制备及优化研究 ［D］. 杭州：浙江大学.

陈青，周劲松，刘炳俊，等，2010. 烘焙预处理对生物质气化工艺的影响 ［J］. 中国科学，36（55）：3437－3443.

陈世华，2013. UF胶黏剂对纤维板热解过程及产物转换的影响 ［D］. 北京：北京林业大学.

陈世华，冯永顺，母军，等，2012. 废弃人造板热解冷凝液的抑菌特性 ［J］. 北京林业大学学报（自然科学版），6（34）：131－136.

陈世华，李思锦，母军，2013. 脲醛树脂胶黏剂在纤维板热解固体产物中的转化特性 ［J］. 北京林业大学学报，4（35）：123－127.

陈绪和，郝颖，2006. 国际人造板工业发展趋势 ［J］. 中国人造板（1）：5－9.

陈颖，李慧，李金莲，等，2010. 氨法烟气脱硫脱硝一体化工艺的研究进展 ［J］. 化工科技，18（2）：65－69.

谌天兵，武建军，韩甲业，2006. 燃煤污染现状及其治理技术综述 ［J］. 煤化工，2（15）：1－5.

崔亚兵，陈晓平，顾利锋，2004. 常压及加压条件下生物质热解特性的热重研究 ［J］. 锅炉技术，35（4）：12－15.

邓剑，罗永浩，王贵军，等，2011. 稻秆的烘焙预处理及其固体产物的气化反应性能 ［J］. 燃料化学学报，39（1）：26－32.

董玉平，邓波，景元琢，等，2007. 中国生物质气化技术的研究和发展现状 ［J］. 山东大学学报，2（37）：1－6.

房倚天，王洋，马小云，等，2007. 灰熔聚流化床粉煤气化技术加压大型化研发新进展 ［J］. 煤化工（1）：11－15.

冯宜鹏，王小波，曾碧凡，等，2015. 松木粉气流床气化特性实验研究 ［J］. 燃料化学学报，5（43）：589－597.

国电能源研究院，2012. 新能源产业发展趋势研究报告 ［EB/01］.

贺小翠，穆亚平，2008. 废旧人造板资源的回收与再利用 ［J］. 木材加工机械 (1)：50-53.

胡荣祖，史启祯，高胜利，等，2001. 热分析动力学 ［M］. 北京：科学出版社.

黄在华，王永利，2005. 利用废旧人造板及其制品生产刨花板技术的研究 ［J］. 林产工业，4 (32)：16-19.

黄志义，2013.UF 树脂胶黏剂对杨木刨花板炭化产物的影响研究 ［M］. 北京：北京林业大学.

景妮洁，2013. 加压流化床气化条件下灰熔融特性研究 ［D］. 杭州：浙江大学.

李海滨，袁振宏，马晓茜，2012. 现代生物质能利用技术 ［M］. 北京：化学工业出版社.

李凯夫，彭万喜，2004. 国内外秸秆制人造板的研究现状与趋势 ［J］. 世界林业研究，2 (17)：34-36.

李乾军，章名耀，蒋斌，2010. 温度和压力对加压喷动流化床煤部分气化的影响 ［J］. 锅炉技术，4 (41)：10-26.

李小民，林其钊，2012. 玉米秆热解的最概然机理 ［J］. 化工学报，63 (8)：2599-2605.

李小明，王小波，常胜，等，2014. 熔融盐对生物质粗燃气的组分调整实验研究 ［J］. 燃料化学学报.6 (42)：671-676.

刘海明，张军营，郑楚光，等，2004. 煤中吡咯型和吡啶型氮热解稳定性研究 ［J］. 华中科技大学学报 (自然科学版)，11 (32)：13-15.

刘乃安，王海晖，夏敦煌，等，1998. 林木热解动力学模型研究 ［J］. 中国科学技术大学学报，28 (1)：40-48.

母军，于志明，张德荣，等，2011. 废弃人造板热解特性及其产物性质的研究 ［J］. 北京林业大学学报 (自然科学版)，1 (33)：125-128.

彭万旺，步学朋，王乃计，等，1998. 加压粉煤流化床气化技术试验研究 ［J］. 煤炭转化，4 (21)：67-74.

钱小瑜，2015. 调整结构、积极创新推动我国人造板产业升级 ［J］. 林产工业，3 (42)：3-10.

钱小瑜，2011. 世界人造板工业发展现状与趋势 ［J］. 中国人造板 (9)：1-7.

时军，1996. 化学工程手册 ［M］. 北京：化学工业出版社.

宋国良，吕清刚，周俊虎，等，2008. 煤粉浓度对 HCN 与 NH3 析出特性的影响 ［J］. 中国电机工程学报，17 (28)：49-54.

苏德仁，周肇秋，谢建军，2011. 生物质流化床富氧-水蒸气气化制备合成气研究 ［J］. 农业机械学报，42 (3)：100-104.

孙志向，2014. 生物质热解过程中燃料氮转化及碱/碱土金属离子催化转化的实验研究 ［D］. 北京：华北电力大学.

谭厚章，廖晓伟，赵科，等，2004. 煤中吡啶型氮氧化规律实验研究 ［J］. 工程热物理学报，4 (25)：711-713.

王建楠，胡志超，彭宝良，等，2010. 我国生物质气化技术概况与发展 ［J］. 农机化研究 (1)：198-205.

王磊，2010. 生物质气化过程中燃料固有氮演变行为研究［D］. 大连理工大学：25-27.

王明峰，蒋恩臣，周岭，2009. 玉米秸秆热解动力学分析［J］. 农业工程学报，2（25）：204-207.

王小波，刘安琪，赵增立，等，2012. 熔融盐粗燃气组分调整实验研究［J］. 现代化工，32（4）：43-46.

王允飞，于文吉，吉发，2010. 废弃木质材料循环利用现状及前景分析［J］. 中国人造板（4）：1-4.

乌晓江，张忠孝，朴桂林，等，2007. 高温加压气流床内生物质气化特性的实验研究［D］，上海：上海理工大学动力工程学院.

吴创之，马隆龙，2003. 生物质能现代化利用技术［M］. 北京：化学工业出版社.

吴创之，周肇秋，阴秀丽，等，2009. 我国生物质能源发展现状与思考［J］. 农业机械学报，1（40）：91-99.

吴远波，2007. 垃圾焚烧过程中 NO$_x$ 前驱体形成研究［D］. 中国科学院大学：16-18.

肖军，沈来宏，邓霞，等，2009. 秸秆类生物质加压气化特性研究［J］. 中国电机工程学报，29（5）：103-108.

肖睿，金保升，周宏仓，等，2005. 高温气化剂加压喷动流化床煤气化试验研究［J］. 中国电机工程学报，23（25）：100-105.

徐明艳，崔银萍，秦玲丽，等，2007. 含铁煤热解过程中 HCN 形成的主要影响因素分析. 燃料化学学报，1（35）：5-9.

岳金方，应浩，左春丽，2006. 生物质加压气化技术的研究与应用现状［J］. 可再生能源，6（130）：29-32.

张久荣，2005. 木材循环利用在欧洲蓬勃发展［J］. 中国林业产业（10）：30-38.

张巍巍，陈雪莉，王辅臣，等，2007. 基于 ASPEN PLUS 模拟生物质气流床气化工艺过程［J］. 太阳能学报，12（28）：1360-1364.

赵辉，2007. 生物质高温气流床气化制取合成气的机理试验研究［M］. 杭州：浙江大学.

赵辉，周劲松，方梦祥，等，2007. 生物质高温气流床气化制取合成气的机理试验研究［D］. 杭州：浙江大学.

郑昀，邵岩，李斌，2010. 生物质气化技术原理及应用分析［J］. 热电技术，2（106）：7-14.

朱成章，2013. 我国防止雾霾污染的对策与建议［J］. 中外能源，6（18）：1-4.

朱锡峰，2006. 生物质热解原理与技术［M］. 合肥：中国科技大学出版社.

Aznar M, Anselmo M S, Manya J J, et al., 2009. Experimental Study Examining the Evolution of Nitrogen Compounds during the Gasification of Dried Sewage Sludge［J］. Energ Fuel（23）：3236-3245.

Beatrice C, Mariusz K. Cieplik, P et al., 2007. Slagging behavior of wood ash under entrained-flow gasifcation conditions［J］. Energy Fuels（21）：3644-3652.

Bergman P C A, Boersma A R, Kiel J H A et al., 2005. Torrefaction for entrained-flow gasification of biomass［J］. J Appl Mech（1）：589-600.

Berrueco C, Recari J, Matas G B, et al., 2014. Pressurized gasification of torrefied woody biomass in a lab scale fluidized bed. Energ (70): 68 - 78.

Blasi C D, Branca C, 2001. Kinetics of primary product formation from wood pyrolysis [J]. Ind. Eng Chem Res, 40 (23): 5547 - 5556.

Blasi C D, 1996. Kinetic and heat transfer control in the slow and flash pyrolysis of Solids [J]. Ind. Eng Chem Res, 35 (1): 27 - 41.

Blasi D, Signorelli C, Russo C D, et al., 1999. Product distribution from pyrolysis of wood and agricultural residues [J]. Ind Eng Chem Res, 38 (6): 2216 - 2224.

Bridgeman T G, Jones J M, Williams A, et al., 2010. An investigation of the grindability of two torrefied energy crops [J]. Fuel, 89 (12): 3911 - 3918.

Chang L P, Xie K C, Li C Z, 2004. Release of fuel-nitrogen during the gasification of Shenmu coal in O2 [J]. Fuel Processing Technology (85): 1053 - 1063.

Chang S, Zhao Z L, Zheng A Q, et al., 2012. Characterization of Products from Torrefaction of Sprucewood and Bagasse in an Auger Reactor [J]. Energ Fuel (26): 7009 - 7017.

Chen C, Horio M, Kojima T, 2004. Use of numerical modeling in the design and scale-up of entrained flow coal gasifiers [J]. Fuel, 80 (10): 1513 - 1523.

Chen H, 2004. Integrated analyses of biomass gasification in the fluidized beds [D]. Department of Chemical and Biological Engineering.

Chen W H, Cheng W Y, Lu K M, et al., 2011. An evaluation on improvement of pulverized biomass property for solid fuel through torrefaction [J]. Appl Energ, 88 (11): 3636 - 3644.

Choudhury D, 1993. Introduction to the renormalization group method and turbulence modeling [M]. Fluent Inc, Technical Memorandum TM - 107.

Dai X C, Wu H, Li Y, 1999. The fast pyrolysis of biomass in CFB reactor [J]. Energ Fuel (13): 426 - 432.

Darvell L I, Brindley C, Baxter X C, et al., 2012. Nitrogen in biomass char and its fate during combustion: a model compound approach [J]. Energ Fuel (26): 6482 - 6491.

Deng Z, Xiao R, Jin B, et al., 2008. Computational fluid dynamics modeling of coal gasification in a pressurized spout-fluidized bed [J]. Energy Fuel, 22 (3): 1560 - 1569.

Fredrik W, Henry H, Magnus M, et al., 2013. Pressurized oxygen blown entrained-flow gasification of wood powder [J]. Energ Fuel (27), 932 - 941.

Girods P, Dufour A, Rogaume Y, 2008. Pyrolysis of wood waste containing urea-formaldehyde and melamine-formaldehyde resins [J]. J Anal Appl Pyrolysis (81): 113 - 120.

Öhrman O G W, Weiland F, Pettersson E, et al., 2013. Pressurized oxygen blown entrained flow gasification of a biorefinery lignin residue [J]. Fuel Processing Technology (115): 130 - 138.

Jeremiáš M, Pohorely M, Bode P, et al., 2014. Ammonia yield from gasification of biomass and coal in fluidized bed reactor [J]. Fuel (117): 917 - 925.

Kitzler H, Pfeifer C, Hofbauer H, 2011. Pressurized gasification of woody biomass—Variation of parameter [J]. Fuel Process Technol (92): 908 – 914.

Leppalahti J, Kurkela E, 1991. Beheaviour of nitrogen compounds and tars in fluidized bed air gasification of peat [J]. Fuel (70): 491 – 487.

Leppalahti J, Kurkela E, 1991. Beheaviour of nitrogen compounds and tars in fluidized bed air gasification of peat [J]. Fuel (70): 491 – 487.

Li C Z, Tan L L, 2000. Formation of NOx and SOx precursors during the pyrolysis of coal and biomass. Part III. Further discussion on the formation of HCN and NH$_3$ during pyrolysis [J]. Fuel (79): 1899 – 1906.

Li C Z, Tan L L, 2000. Formation of NOx and SOx precursors during the pyrolysis of coal and biomass. Part III. Further discussion on the formation of HCN and NH$_3$ during pyrolysis. Fuel (79): 1899 – 1906.

Liu L, Cao Y, Liu QC, et al., 2015. Kinetics studies and structure characteristics of coal char under pressurized CO$_2$ gasification conditions [J]. Fuel (146): 103 – 110.

Lu T, Li KZ, Zhang R, et al., 2015. Addition of ash to prevent agglomeration during catalytic coal gasification in a pressurized fluidized bed [J]. Fuel Process Technol (134): 414 – 423.

Mansuy L. Bourezgui Y. Garnier-Zarli E, Jarde E, Reveille V, 2001. Characterization of humic substances in highly polluted river sediments by pyrolysis methylation-gas chromatography-mass spectrometry [J]. Org Geochem, 32 (2): 223 – 231.

María A-M, José F M, Javier Á, et al., 2015. Sewage Sludge Torrefaction in an Auger Reactor [J]. Energ Fuel (29): 160 – 170.

Michael B, øyvind S, Johan E H, 2007. NOx and N2O precursors (NH$_3$ and HCN) in pyrolysis of biomass residues [J]. Energ Fuel (21): 1173 – 1180.

Ndibe C, Maier J, Scheffknecht G, 2015. Combustion, cofiring and emissions characteristics of torrefied biomass in a drop tube reactor [J]. Biomass Bioenerg (79): 105 – 115.

NNFCC, 2009. Review of technologies for gasification of biomass and wastes [R].

Oevermann M, Gerber S, Behrendt F, 2008. Euler-Euler and Euler-Lagrange modeling of wood gasification in fluidized beds [J]. Proceedings of 9th Circulating Fluidized Bed Technology: 733 – 40.

Ozisik M N, 1997. Radiative Transfer and Interactions with Conduction and Convection [M]. Wiley, New York.

Padban N, Wang W Y, Ye Z C, et al., 2000. Tar formation in pressurized fluidized bed air gasification of woody biomass [J]. Energ Fuel (14): 603 – 611.

Pandeya K K, Pitman A J, 2003. FTIR studies of the changes in wood chemistry following decay by brown-rot and white-rot fungi [J]. Int Biodeterior Biodegrad, 52 (3): 151 – 160.

Phanphanich M, Mani S, 2011. Impact of torrefaction on the grindability and fuel characteristics of forest biomass [J]. Bioresour Technol, 102 (2): 1246 – 1253.

Philippe C, Orikasa H, Suzuki T, et al, 1997. A study of the C-NO reaction by using isotopically labelled C and NO [J]. Fuel, 76 (6): 493 – 498.

Qin K, Lin W G, Jensen P A, et al., 2012. High-temperature entrained flow gasification of biomass [J]. Fuel (93): 589 – 600.

Raharjo F, Yasuaki S, Yoshiie T, et al., 2010. Hot gas desulfurization and regeneration characteristic with molten alkali carbonates [J]. International Journal of Chemical Engineering and applications, 1 (1): 96 – 102.

Reichel D, Siegl S, Neubert C, et al., 2015. Determination of pyrolysis behavior of brown coal in a pressurized drop tube reactor [J]. Fuel (158): 983 – 998.

Salah H A, Katsuya K, 2013. Bench-scale gasification of cedar wood-Part II: Effect of Operational conditions on contaminant release [J]. Chemosphere (90): 1501 – 1507.

Saleh B S, Flensborg J P, Shoulaifar T K, et al., 2014. Release of Chlorine and Sulfur during Biomass Torrefaction and Pyrolysis [J]. Energy fuels, 28: 3738 – 3746.

Shen B X, Han Y F, Liu T, 2008. Development of flue gas denitrification using NH_3 selective non-catalytic reduction [J]. Chemical Industry and Engineering Progress, 9 (28): 1323 – 1327.

Sofialidis D, Faltsi O, 2001. Simulation of biomass gasification in fluidized beds using computational fluid dynamics approach [J]. Thermal Science, 5 (2): 95 – 105.

Tian Y, Zhang J, Zuo W, et al., 2013. Nitrogen conversion in relation to NH_3 and HCN during microwave pyrolysis of sewage sludge [J]. Environmental Science & Technology (47): 3498 – 3505.

Tian Y, Zhang J, Zuo W, et al., 2013. Nitrogen conversion in relation to NH_3 and HCN during microwave pyrolysis of sewage sludge [J]. Environ Sci Technol (47): 3498 – 3505.

Tsubouchi N, Ohtsuka Y, 2008. Nitrogen chemistry in coal pyrolysis: Catalytic roles of metal cations in secondary reactions of volatile nitrogen and char nitrogen [J]. Fuel Process Technol (89): 379 – 390.

Venderbosch R H, Prins W, 2012. Entrained flow gasification of bio-oil for syngas [M]. Biomass Technology Group (BTG).

Wall T F, Liu G S, Wu H W, et al., 2002. The effects of pressure on coal reactions during pulverised coal combustion and gasification [J]. Pro Energ Combust Sci, 28 (5): 405 – 433.

Wang Y Q, Yan L F, 2008. CFD modeling of a fluidized bed sewage sludge gasifier for syngas [J]. Asia-Pacific J Chem Eng, 3 (2): 161 – 170.

Wang Y, Yan L, 2008. Review CFD studies on biomass thermochemical conversion [J]. Int J Mol Sci, 9 (6): 1108 – 1130.

Weiland F, Hedman H, Marklund M, et al., 2013. Pressurized oxygen blown entrained-flow gasification of wood powder [J]. Energy Fuels (27): 932 – 941.

Weiland F, Nordwaeger M, Olofsson I, et al., 2014. Entrained flow gasification of torrefied wood residues ［J］. Fuel Processing Technology（125）：51 - 58.

Yakhot V，Orszag S A，1986. Renormalization group analysis of turbulence：I. basic theory ［J］. Journal of Scientific Computing，1（1）：1 - 51.

Yuan S，Zhou Z J，Li J，et al.，2010. HCN and NH_3 released from biomass and soybean cake under rapid pyrolysis ［J］. Energ Fuel（24）：6166 - 6171.

Yuan S，Zhou Z J，Li J，et al.，2010. HCN and NH3 released from biomass and soybean cake under rapid pyrolysis ［J］. Energy Fuels（24）：6166 - 6171.

Zhou J C，Masutani S M，Ishimura D M，et al.，2000. Release of fuel-bound nitrogen during biomass gasification ［J］. Ind Eng Chem Res.（39）：626 - 634.

图书在版编目（CIP）数据

人造板废弃物高品位能源化利用研究 / 冯宜鹏，吴婷婷，苏同超著. —北京：中国农业出版社，2021.6
ISBN 978-7-109-28382-4

Ⅰ.①人… Ⅱ.①冯… ②吴… ③苏… Ⅲ.①木质板—废物综合利用—研究 Ⅳ.①X978

中国版本图书馆 CIP 数据核字（2021）第 123290 号

中国农业出版社出版

地址：北京市朝阳区麦子店街 18 号楼
邮编：100125
责任编辑：王玉英
版式设计：王　晨　　责任校对：吴丽婷
印刷：北京印刷一厂
版次：2021 年 6 月第 1 版
印次：2021 年 6 月北京第 1 次印刷
发行：新华书店北京发行所
开本：720mm×960mm　1/16
印张：8.5
字数：150 千字
定价：50.00 元